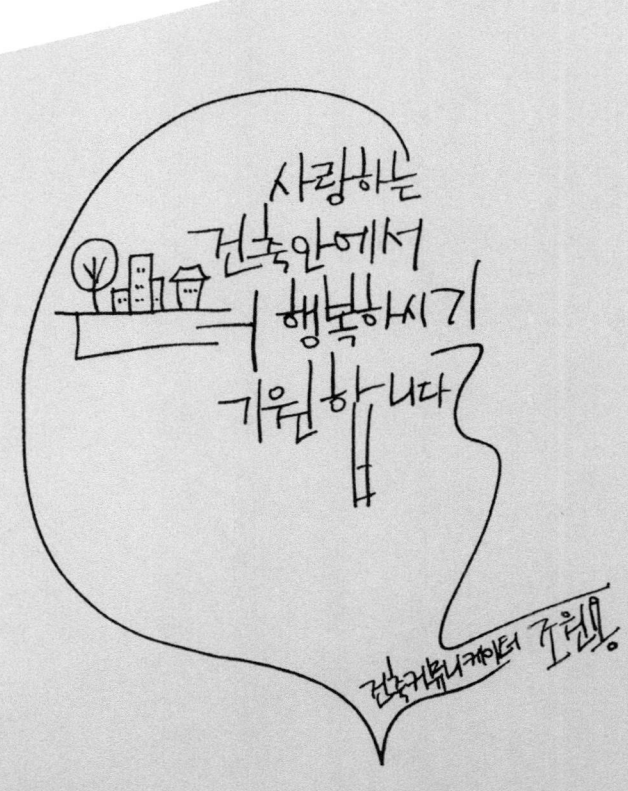

건축,
생활속에
스며들다

쉽고 재미있는 생활 속 건축 이야기
건축, 생활 속에 스며들다

개정 2판 5쇄 발행 | 2017년 6월 20일

지은이 | 조원용
발행인 | 김태영
발행처 | 도서출판 씽크스마트
기　획 | (주)엔터스코리아 작가세상(yang@enterskorea.com)

주　소 | 서울특별시 마포구 토정로 222(신수동) 한국출판콘텐츠센터 401호
전　화 | 02-323-5609 · 070-8836-8837
팩　스 | 02-337-5608

사진제공 | 정지성, 정준철, 홍미경, 서동구, 장윤희, 장영호, 유영상
　　　　　장인환, 김인규, 김인호, 이중훈, 박정현, 이석주, 석정민
　　　　　김태형, 김지현, 정병협, 신현철, 오동석, 조남혁, 김영훈

간지스케치 | 조원용- archicwy@hanmail.net
간지사진 | 석정민
캘리그라피 | 김대연

ISBN 978-89-6529-029-5   13610

- 잘못된 책은 구입한 서점에서 바꿔 드립니다.
- 이 책의 내용, 디자인, 이미지, 사진, 편집구성 등을 전체 또는 일부분이라도 사용할 때에는
  저자와 발행처 양쪽의 서면으로 된 동의서가 필요합니다.
- 도서출판 《사이다》는 사람의 가치를 밝히며 서로가 서로의 삶을 세워주는 세상을 만드는 데 기여하고자 출범한,
  인문학 자기계발 브랜드 '사람과 사람을 이어주는 다리'의 줄임말이며, 도서출판 씽크스마트의 임프린트입니다.
- 원고 | kty0651@hanmail.net

씽크스마트 • 더 큰 세상으로 통하는 길
도서출판 사이다 • 사람과 사람을 이어주는 다리

건축, 생활 속에 스며들다

조원용 지음

개정판을 내며

《건축, 생활 속에 스며들다》가 세상에 나온 지도 어느덧 3년이 됐다. 지난 20여 년 동안 건축가로 살아온 내게 '작가'란 이름을 달아준 책이었기에 애착도 많이 느꼈다. 이 책을 다시 내는 일 또한 매우 기쁘다.

그간 방송, 강연, 체험활동 등 다양한 경로로 대중을 만나며 느낀 것은 건축에 대한 갈증이 상당하다는 것이다. 짓는 행위로서의 건축만이 아닌, 문화와 인문학의 근간이 되는 건축에 대한 갈증 말이다. 배우고 싶으나 가르쳐주는 곳이 없으니 채워지지 않는 지식욕 때문에 답답했으리라. 이에 필자는 대중과 건축을 소통하도록 돕는 '건축커뮤니케이터'로 여생을 살아갈 생각이다.

부족하나마 필자의 경험과 사유를 녹여낸 글이 독자의 문화적 욕구를 어느 정도 채울 수 있었음에 감사드린다. 또한 금년부터는 이 책이 중학교 교과서에 소개되어 청소년들에게 좋은 건축에 대한 사유를 나눌 수 있게 됨을 영광으로 생각한다. 이들이 어린 나이에 건축에 대한 바른 생각과 이해를 가지고 자란다면 분명 몇 십 년이 지나지 않아 우리나라의 훌륭한 건축주가 되리라 믿어 의심치 않는다. 인류의 건축문화는 훌륭한 건축가들의 재능으로 발전해 온 것이 사실이지만, 좀 더 깊이 생각해보면 그들에게 일을 주었던 소양 있는 건축주가 있었기에 그 재능을 발휘하는 일이 가능했다. 건축주가 건축에 대해 잘 이해하고 공감한다면 건축의 수준이 달라지고, 문화는 거기서부터 시작된다. 사람을 본질로 이해하는 건축주가 많아질 때 우리나라는 세계 최고의 건축문화 선진국이 되리라 확신한다.

건축은 껍데기나 공간이 아닌 사람이 본질이다. 그래서 건축은 사람을 다루는 '인문학'이라 할 수 있다. 본질인 '사람'과, 사람을 돕기 위한 '건축'의 관계를 더 드러내기 위해 개정판에는 또 하나의 장 '건축, 인문학이라 부르다'를 추가했다. 또 건축과 함께했던 필자의 체험을 소소하게 글로 남기기도 했다. 새로운 인연이 된 사람과 더 친해지기 위해서는 대화를 많이 해야 하듯이 건축과 더 친해지기 위해서는 마음을 열고 건축과 대화해야 한다. 이를 위해 미력하나마 창구를 마련한 것이니 독자들께도 그 마음이 전해지길 바란다.

세계 어느 나라든 100년 전 200년 전, 심지어 천 년 전 이천 년 전 건축물이 오늘날 문화유산이 되어 후손에게 유익을 전한다. 건축은 우리 당대만 사용하기 위해 지어져서는 안 된다. 우리 후손이 함께 이용하고 누려야 할 문화유산이 되어야 한다는 생각으로 건축을 한다면 어떨까? 작은 의식이 모여 큰 생각이 만들고, 그 생각이 실천에 옮겨질 때 역사는 바뀐다. 이 책이 독자에게 그런 생각을 줄 수 있다면 무한한 기쁨과 영광이 될 것이다.

2013년 4월
건축커뮤니케이터 / 건축사 조원용

프롤로그

세상은 넓고 아름다운 건축도 많다. 우리는 그렇게 아름다운 건축을 보기 위해 여행을 떠나기도 하고, 차를 타고 가다가 멋진 건축물을 보면 멈추고 탄성을 지르기도 한다. 좋은 건축을 보면 눈이 즐겁고 마음도 상쾌해진다. 좋은 공간은 기쁨과 환희를 만들고 행복을 느끼게도 한다. 그래서 건축은 예술이라고 말할 수 있다. 하지만 미술처럼 화가가 그리고 싶을 때, 음악처럼 음악가가 연주하고 싶을 때 연주하듯이 건축가가 건축하고 싶을 때 작품을 만들 수 있는 것은 아니다. 의뢰하는 건축주가 있어야 건축가의 작업이 시작되기 때문에 건축은 예술이 아니라고 할 수도 있다. 건축은 오히려 삶을 담는 그릇으로써 '문화'의 역할을 한다고 할 수 있다.

시중에는 건축을 다룬 좋은 책이 많이 나와 있다. 그러한 책을 통해 지식을 얻고 경험을 쌓으며, 직접 떠나지 못한 곳으로 여행을 하기도 한다. 건축에 대한 글쓴이들의 고귀한 생각을 듣기도 하고 역경을 딛고 다듬어진 체험을 나누기도 한다. 이렇듯 좋은 책이 많아도 필자는 매일매일 생활에서 접하는 건축을 살펴보며 쉽게 이야기하고 싶었다. 사람은 누구나 건축을 '소유'하지 않더라도 날마다 건축 안에서 '생활'하니 건축과 친해질 수밖에 없다. 하지만 건축은 그 특성상 어렵게 느껴지기도 한다.

필자는 건축가이자 생활인으로서 건축에 대한 생각을 나름대로 쉽게 전달하고자 했다. 건축은 허상이 아닌 실존이기에 누구든 자기 눈에 보이는 대로 이해하려 하고 또 그렇게 자연스럽게 받아들이게 된다. 그러나 반짝이는 것이 다 금은 아니듯이 보이는 모든 것이 진실은 아니다. 건축에서는 더욱 그렇다. 좋아 보인다고 다 좋은 건축은 아니라는 말이다.

필자의 이러한 소신을 담은 《건축, 생활 속에 스며들다》(개정판)를 간략히 소개하면, 1장 '건축, 인문학이라 부르다'에서는 본질인 '사람'과 사람을 돕기 위한 '건축'의 관계를 살펴보고, 2장 '건축, 생활 속에 스며들다'와 3장 '건축, 생각 속 직업병'에서는 평소 우리가 생활하면서 쉽게 접할 수 있는 여러 상황을 통해 건축을 쉽게 이해할 수 있도록 했다. 4장 '건축, 사람을 살리거나 죽이거나'에서는 삼풍백화점 붕괴 당시 구조 활동에 참여했던 경험을 포함해 위험한 상황에서 건축이 생명에 영향을 미칠 수 있는 경우를 생각해보았다. 5장 '건축, 사람이 먼저다'에서는 장대인을 비롯한 노인, 어린이 등 일반 어른들과는 신체 조건이 같지 않은 이들도 편하고 쉽게 이용할 수 있는 건축을 이야기했다. 6장 '건축, 한옥을 만났을 때'에서는 세계적 선진 건축문화인 우리 한옥에 대해 살펴보며 그 우수성을 말했다. 7장 '건축, 왜 친환경이어야 할까?'에서는 최근 세계적으로 화두가 되고 있는 친환경 건축에 대해서 살펴보았다. 특별히, 마지막 장인 8장 '건축, 청소년의 꿈을 키우다'에서는 장래 건축가가 되고 싶어 하는 청소년을 위해 글을 썼다. 입학사정관제도가 시행되는 요즘 미력하나마 도움이 되길 바란다.

필자가 건축 지식을 전달하기 위해서가 아니라 생활 속의 행복을 찾기 바라는 마음으로 쓴 글이 독자의 삶에 조금이라도 도움이 된다면 더없이 기쁘고 큰 보람이 될 것이다.

2013년 4월
건축커뮤니케이터 / 건축사 조원용

추천의 글 1

건축은 사람의 삶을 담는 그릇입니다

'건축은 사람의 삶을 담는 그릇'이라고 합니다. 매일의 생활이 건축 없이는 불가능합니다. 우리의 모든 생활이 건축 안에서 이뤄지며, 누구나 태어나면서부터 죽을 때까지 결코 건축을 떠나지 못하기 때문입니다.

인간 생활의 기본 요소인 의식주 중 의(衣)나 식(食)은 누구나 잘 알고 있고 또 자신의 생각을 가지고 있지만, 건축을 의미하는 주(住)는 잘 알지 못합니다. 가르쳐 주는 이도 없거니와 배울 기회도 드물기 때문입니다.

이런 상황에서 조원용 건축사의 '건축, 생활 속에 스며들다'가 개정증보 출판을 한다는 소식을 접하게 되니 무척 반가운 마음입니다. 이 책에서는 그동안 궁금하기만 했던 '건축'을 쉽게 이해할 수 있는 이야기로 풀어냈습니다. 오랫동안 건축쟁이로 살아온 건축사는 물론 건축을 잘 알지 못하는 일반대중도 흥미를 느끼는 이야기로 가득 차 있습니다. 금년부터는 중학교 교과서에도 소개됐을 정도니 이제 청소년들도 건축에 대해 더 친근하게 접할 수 있게 된 셈입니다.

이 책을 읽으며 비어 있는 건축공간에 행복을 채우는 일이 얼마나 중요한지 새삼 느끼게 됩니다. 현실이 어렵고 각박하지만, 그럼에도 생활 속에서 함께하는 건축에 조금 더 관심을 가지면 지금보다 훨씬 행복해진다고 저자는 힘주어 말합니다.

우리 모두는 건축을 문화로 향유하며 행복하게 살아야 합니다. 그러기 위해서는 대중이 건축과 더 친해질 필요가 있습니다. 대한건축사협회도 한국건축문화대상, 한국건축산업대전, 서울국제건축영화제, 어린이 건축 창의교실 등을 통해 건축과 대중이 가까워질 수 있는 소통의 장을 마련하고 있습니다. 조원용 건축사가 '건축커뮤니케이터'로서 방송과 강연, 또는 글로 대중과 가깝게 나아가는 것을 환영하며, 이 책이 건축문화강국 대한민국의 모든 분을 위한 건축과 가까워지는 길잡이이자 건축소양을 높이는 디딤돌이 되기를 바랍니다.

2013년 4월
대한건축사협회 회장 김 영 수

추천의 글 2

많은 이들이 멋진 삶을 사는 데 큰 도움이 되리라 확신합니다

'건축' 하면 잘 알 듯하면서도 모르는 것이 많습니다. 온종일 건축을 떠나 있기가 어려울 정도로 우리와 친밀하면서도 건축에 대해 설명하기는 어렵습니다. 건축은 전문분야이지만 한편 지극히 일상적인 '생활'이기도 합니다. 크든 작든 누구라도 자신의 건축공간을 누리며 살게 되는데,《건축, 생활 속에 스며들다》를 읽으면서 비어 있는 건축공간에 행복을 채우는 일이 얼마나 중요한지 새삼 느끼게 되었습니다. 그리고 저자가 말하는 것처럼 삶의 공간에 관심을 가지면 지금보다 더 행복해진다고 공감하게 되었습니다. 개발시대의 건축은 우리에게 부를 주었지만, 문화시대의 건축은 우리에게 행복을 줍니다. 이제 문화시대에 사는 우리가 모두 건축을 통해서 행복해지길 바라며, 생활이 문화가 되고 문화가 생활이 되기를 바랍니다.《건축, 생활 속에 스며들다》개정판은 매일 접하는 건축에 대해 다양하고 평범한 생활의 관점에서 쉽게 글로 풀어쓴 조원용 건축사의 생각과 철학 모음집입니다.

현재 (사)환경미술협회 환경건축위원장인 조원용 건축사는 설계 작품에서 경기도 건축문화상을 받은 안산 상록어린이도서관을 비롯해 최근 수원에 준공된 SK 청솔노인복지회관 등 다양한 경험을 바탕으로 수작들을 발표하고 있습니다.

후학을 위한 교육에도 힘을 써 안산대학교, 경원대학교 그리고 고려대학교 등에서 강의했으며, 특히 여러 전문가 단체에서 넓은 인맥으로 왕성하게 사회활동을 하며 기고문을 발표하는 등 매사에 적극적이고 진취적인 생각으로 다양하게 활동하고 있습니다. 삼풍백화점 붕괴 당시에는 직접 인명 구조 활동을 하기도 했으며, 최근에는 '건축창의체험'으로 어린이와 청소년을 위한 건축교육에 힘쓰고 있는 책임감 있고 건강한 생각을 하는 전문가입니다. 이렇게 유능한 건축가이면서도 우리 협회에서 발행하는 〈월간 미술인〉이라는 잡지에 칼럼을 연재하는, 글을 잘 쓰는 칼럼니스트이기도 합니다. 조원용 건축사가 이번에 출간한 《건축, 생활 속에 스며들다》 개정판은 우리 삶에서 많은 부분을 차지하는 건축에 대해 편안하고 쉽게 이야기했습니다. 전문가부터 일반인까지 누구에게라도 권하고 싶은 책입니다. 어렵게만 느껴지던 건축을 쉽고 재미있게 이해하는 데 많은 도움이 되리라 생각합니다. 많은 이들이 건축을 더 잘 이해하고 행복한 삶을 사는 데 유익하리라 확신하여 추천하는 바입니다.

2013년 4월
(사)환경미술협회 이사장 설 재 구

목차

개정판을 내며 · 04 / 프롤로그 · 06 / 추천의 글 · 08 / 추천의 글 · 10

CHAPTER 01
건축, 인문학이라 부르다

공간, 원래부터 비어 있다 · 16 | 건축이란 무엇일까? · 22
'사는' 집, '살리는' 집 · 30 | 사람을 닮은 건축 · 38
건축물의 뼈대, 가문의 뼈대 · 44 | 사람이 죽으면 집도 죽는다 · 54

CHAPTER 02
건축, 생활 속에 스며들다

백화점에는 왜 창이 없을까? · 64 | 백화점 화장실에는 왜 출입문이 없을까? · 70
은행 천정이 높은 이유? · 76 | 음악당 천정은 왜 구불구불할까? · 80
주부의 작업 삼각형 · 88 | 주차장 출입구는 어디에? · 94
발코니, 베란다, 테라스, 필로티? · 100 | 들어가기 위한 문, 나가기 위한 문 · 106
화장실을 쉽게 찾으려면? · 114

CHAPTER 03
건축, 생각 속 직업병

건축가의 직업병 · 120 | 건축물의 중요한 부분 · 126
눈에 보이지 않는 것이 더 중요하다 · 132 | 어느 쪽이 정면인가? · 136
연계가 필요한 곳은 매개가 필요하다 · 140 | 원리를 이해하면 응용하기가 쉽다 · 146
건물에도 헤어스타일이 있다 · 152

CHAPTER 04
건축, 사람을 살리거나 죽이거나

삼풍백화점이 무너졌습니다 · 160 | 사람을 살리는 건축 · 166
사람을 죽이는 건축 · 170 | 계단과 주 출입구의 관계 · 176
계단의 올라가는 방향, 내려가는 방향 · 180

CHAPTER 05
건축, 사람이 먼저다

노인들이 계시는 집에는 · 186 | 손으로 문을 열 수 없다면 · 190
점자블록은 자전거도로의 경계표시용? · 194
휠체어의 작은 바퀴는 어디에 있을까? · 200 | 어린이를 위한 건축 · 196

CHAPTER 06
건축, 한옥을 만났을 때

여름에는 시원하게, 겨울에는 따뜻하게 · 216 | 돌과 나무의 만남 · 220
한옥의 지붕과 처마 · 228 | 추녀 끝에 고드름? · 236
키 큰 나무는 왜 집 가까이 심지 않을까? · 240
한국화에는 왜 길고 좁은 액자가 많을까? · 244   천정과 천장 · 250

CHAPTER 07
건축, 왜 친환경이어야 할까?

사계절이 있어서 살기 좋다? · 256 | 건축물에도 내복을 잘 입히자 · 262
겨울에 북서풍이 부는 이유? · 266 | 벽에도 이슬이 맺힌다? · 270
온실 효과 · 274

CHAPTER 08
건축, 청소년의 꿈을 키우다

스케치하는 습관을 기르자 · 282 | 줄자를 가지고 다니자 · 288
이 공간의 규모는 어느 정도일까? · 292 | 모형 만들기 · 296
계절에 따라 꽃과 나무를 살펴보자 · 300 | 연필심의 H와 B · 304
방향 감각 · 308 | 여행을 떠나자 · 312 | 조 아저씨의 '건축창의체험' · 318

에필로그 · 324

공간, 원래부터 비어 있다

건축이란 무엇일까?

'사는' 집, '살리는' 집

사람을 닮은 건축

건축물의 뼈대, 가문의 뼈대

사람이 죽으면 집도 죽는다

ⓒ 석정민

CHAPTER 01

건축, 인문학이라 부르다

공간,
원래부터
비어 있다

고급 일식집. 직장인으로 보이는 두 남자가 퇴근 후 회포를 풀기 위해 자리를 잡았다. 한 남자가 옆에 있던 남자에게 말한다.

"선배! '집'이 뭐죠?"
"응? 글쎄……."

몇 년 전 텔레비전에 나온 아파트 광고의 내용이다. '건축' 하면 무엇이 떠오르는가? 어떤 이들은 잘 지어진 예쁜 집이나 건물 또는 '부동산'을 생각할 것이다. 혹은 '재산'을 떠올릴지도 모르겠다. 실제로 건축은 사람들이 대부분 평생에 '한 번' 갖는 중요한 사유재산이다. 또한 건축은 한 번

지어놓으면 사라질 때까지 바라보고 이용하는 사회적 재산이다. 하지만 물질적 가치 위에 있는 건축의 정신적인 부분을 간과한다면 건축을 제대로 이해하기 어렵다.

건축에서 가장 중요한 것은 무엇일까? 동굴을 예로 들어보자. 동굴은 건축일까? 동굴은 자연의 일부이므로 건축이 아니다. 그러나 최초의 건축은 '동굴'이다. 왜냐하면, 그 안에서 '사람'이 살았기 때문이다. 사람이 살지 않은 동굴은 건축이 아니지만 사람이 산다면 그 동굴은 건축인 셈이다. 동굴이라는 하드웨어, 즉 물리적 환경은 똑같을지라도 사람이 사는지 여부에 따라 '자연'으로도, '건축'으로도 불릴 수 있는 것이다.

프랑스 루브르박물관
현대식 유리 피라미드의 날렵함이 고풍스러운 건축물과 묘한 조화를 이룬다.
ⓒ (musée du Louvre (PARIS,FR75)
by jean-louis zimmermann
www.flickr.com/photos/
jeanlouis_zimmermann/3835507313)

유리 피라미드 내부
날렵한 유리벽 너머로 육중한 박물관 건물과 파란 하늘이 보인다. 유리 피라미드가 설치되기 전에도 이곳은 비어 있었지만, 껍데기인 유리 피라미드가 설치되고 난 뒤 '건축'이 되었다.

시드니 항구에서 보는 넓은 공간인 아름다운 바다와 좁은 공간의 집합체인 고층 건축물군이 조화를 이룬다.

건축은 벽, 바닥 그리고 지붕이라는 껍데기로 만들어져 있고, 내부는 그 껍데기가 생기기 전 원래부터 비어 있던 '공간'이다. 처음부터 비어 있던 이 공간에 껍데기인 벽, 바닥, 지붕을 만들고 이것을 '건축'이라고 부른다. 그렇다면 정녕 무엇이 건축일까? 벽, 바닥, 지붕이라는 껍데기가 건축일까, 아니면 원래부터 비어 있던 내부의 공간이 건축일까?

실용적인 생각을 가진 분은 껍데기가 건축이라고 할 것이다. 그러면 그 껍데기는 그대로 둔 채 그 안에 콘크리트를 가득 부어 넣는다면 이를 건축이라 할 수 있을까? 외형은 그대로일지라도 이는 건축이 아니다. 사람이 들어가 살 공간이 없으니 커다란 조형물에 불과하다. 반대로 형이상학적인 생각을 가진 분은 비어 있는 공간이 건축이라고 답할 것이다. 그러나 이 역시 올바른 답이 아니다. 비어 있는 공간은 어디든지 있지 않은가? 도로 위도 비어 있고, 들판 위, 강물 위도 비어 있지만 우리는 그 공간들을 건축이라 하지 않는다.

대개는 껍데기와 공간을 합쳐서 건축이라고 한다. 그러나 이 역시 '백점짜리' 답이 아니다. 위에서 언급한 동굴도 이미 껍데기와 공간을 함께 가지고 있었지만 그 자체로는 건축이 아니었다. 그곳에 사람이 살면서부터 비로소 건축이 된 것이다. 마찬가지로 껍데기와 공간이 있더라도 그 안에 사람이 들어가 살아야 '건축'이라 할 수 있다. 건축을 완성하는 마지막 요소는 바로 '사람'이다. 건축을 퍼즐로 비유한다면 마지막 조각을 조립해야만 퍼즐이 완성되는 것처럼, 건축도 껍데기와 공간이 다 있을지라도 마지막에 '사람'이 들어가 살아야만 비로소 '건축'이 완성된다. 건축에서 가장 중요한 그 무엇은 바로 '사람'과 '사람의 삶'이다. 따라서 건축은 '인문학'

일본 하코네 폴라미술관 설경
브리지를 매개로 자연과 건축이 만나게 되고 사람과 공간의 교감이 시작된다.

공간은 반드시 건축물에 의해서만 제한되는 것은 아니다. 오스트레일리아 시드니의 한 공원에 늘어서 있는 나무들에 의한 공간은 새로운 체험의 기회를 제공한다. 하지만, 사람의 삶을 담지 못하는 이 공간을 우리는 건축이라 부르지 않는다.

이라 할 수 있다.

 건축은 이렇듯 원래부터 존재하던 비어 있는 곳을 필요와 용도에 맞게 계획하고 한정하는 일을 한다. 그러면서 벽과 지붕을 디자인하고 입체적인 공간을 만든다. 그러한 일을 하는 사람들을 '건축가'라고 하고 그중 국가시험을 통과해서 법적으로 지위를 받은 이들을 '건축사(建築士)'라고 한다. 우리가 일반적으로 쓰는 '건축설계사' 또는 '설계사'라는 명칭은 정확한 용어가 아니다. 그런데도 우리나라는 방송에서조차 부정확한 표현을 사용할 때가 많다. 그만큼 '건축'과 '건축사'에 대한 국민의 이해도가 낮음을 보여주는 증거다. 필자의 글에서는 건축사를 포함한 건축전문가를 '건축가'로 통칭한다.

'건축'은 공간을 디자인하는 건축가의 손에서 구체적으로 형상화되어 세상에 모습을 드러낸다. 건축가는 건축의 껍데기인 벽, 바닥, 지붕을 디자인한다. 하지만 사실은 껍데기로 한정되는 삶을 담아내는 3차원 공간을 디자인하는 것이다. 따라서 '그 공간에서 살게 될 사람'을 잘 이해하고 배려하며, 자연을 보호하고 환경을 살리는 방향으로 디자인해야 한다. 이렇게 디자인한 건축물만이 진정한 건축물이라 할 수 있다. 그렇다면 어떻게 해야 이런 건축물을 만들 수 있을까? 그것은 건축가가 건축주나 사용자의 마음을 얼마나 진심으로 이해하고 소통하고자 하느냐에 달렸다. 그래서 자격을 갖춘 좋은 '건축사'를 만나는 것이 무엇보다 중요하다.

물을 담는 컵의 형태가 동그라면 물은 동그랗게 보이고, 사각형이면 물은 네모나게 보인다. 원래부터 비어 있던 공간인 '무'에서 '유'의 형태를 갖춘 건축물을 창조하는 행위는 생명의 탄생과 비견할 만하다. 부모라면 누구라도 뱃속에 있는 아이가 아무 이상 없이 태어나길 바란다. 그리고 태어나서는 재능이 뛰어나고 그 용모가 아름답고 건강하게 자라기를 바란다. 사람의 삶을 담는 그릇인 건축을 할 때도 부모 마음처럼 그곳을 이용하는 사람을 위한 가슴 절절한 배려와 관심이 필요하다. 그 공간에서 우리는 행복을 누려야 하고 사랑으로 삶을 아름답게 채워가야 하기 때문이다. 건축에 대한 국민의 의식이 더 높아져서 건축을 '행복한 삶을 담는 공간'으로 여기는 날이 오길 진심으로 기원한다.

건축이란
무엇일까?

"내가 커서 아빠처럼 어른이 되면
우리 집은 내 손으로 지을 거예요. 울도 담도 쌓지 않는 그림 같은 집. 울도 담도 쌓지 않는 그림 같은 집. 언제라도 우리 집에 놀러 오세요."

어린 시절에 배운 〈우리 집〉이란 동요의 가사다. 언젠간 나도 그림 같이 멋진 집에 살겠노라 다짐하며 친구들과 목이 터져라 노래를 부르던 기억이 난다. 코흘리개였던 내가 '건축'이라는 거창한 개념을 알고 이를 꿈꿨을 리 만무하다. 그저 일상이 편안하고 매사에 웃음이 넘치는 가족들과의 행복한 삶을 그렸던 것이리라. 이 노래에 즐거운 추억을 갖고 있는 사람은 비단 필자만이 아닌 것 같다. 캠퍼스에서 젊은이들이 이 노래를 흥얼거리는 것을 더러 보기도 했으니 말이다. 심지어 어느 건축학과에서는 일명 '과송'으로 이 노래를 부르기도 한다. 집에 관한 다른 노래로는 "즐거운 곳에서는 날 오라 하여도 내 쉴 곳은 작은 집 내 집뿐이네!"라는 가사가 담긴 〈즐거운 나의 집〉이 있다. 잘 찾아보면 또 있겠지만, 필자가 아는 건축이나 집에 관한 노래는 두 곡뿐이다. 우리 민족의 특성상 노래는 삶에 흥을 돋우고 멋과 풍류를 즐기는 데 대단히 중요한 역할을 하고 있다. 그럼에도 건축에 관한 노래가 드문 것은 어쩐 일일까?

인간의 삶을 위한 기본 요소는 '의식주'이며 우리 모드 이를 충족하기 위해 열심히 살아간다. 그런데 문화가 발전하고 의식 수준이 높아짐에 따라 이제 '의식주'는 생존을 위한 기본 요소에서 나아가 점점 진화하는 것 같다.

일단 패션에 관해 살펴보자. 오늘날 우리는 상당히 뛰어난 복식 문화 수준을 자랑한다. 경제가 발전하면서 옷에 대한 선택권이 다양해졌고, 취향과 선호도에 따라 각자 좋아하는 옷을 골라서 입을 수 있게 되었으니 감사할 따름이다. 패션에 대해 배우지 않았음에도 뛰어난 감각을 자랑하며 거리를 활보하는 젊은이를 보면 부러울 때가 한두 번이 아니다. 우리 주위에는 패셔니스타가 넘쳐난다. 그런데 학교에서 배우지 않았을 뿐이지 방송과 인터넷 등 대중 매체를 통해 직간접적으로 경험하거나, 거리에서 세련된 사람을 보는 것만으로도 큰 공부가 된다는 사실을 아는가? 이는 식문화에서도 마찬가지다.

일례로 최근 텔레비전에서 음식을 소개하는 프로그램이나 맛집 여행 코

근대건축의 5원칙을 만든 르 코르뷔지에의 빌라 사보아
돌 건축에서는 불가능한 필로티 구조와 가로로 긴 창이 돋보인다.
ⓒ Villa Savoye by Jelm6, Poissy www.flickr.com/photos/jim6/5283243032

너가 큰 인기를 끌고 있다. 방송 내용도 단순히 배를 채우기 위한 음식을 소개하는 데 그치지 않는다. 진행자들이 시청자를 대신해 보고, 듣고, 만지며, 냄새를 맡고 맛을 보며 온갖 미사여구를 늘어놓는다. 게다가 구수한 입담과 과장된 표정과 감탄사를 연발해 보는 이의 오감을 자극하고 있으니, 시청자들은 텔레비전을 보고 있으면서도 마치 그 요리가 지금 내 앞에 있는 듯 착각하며 침을 꿀꺽 삼키는 것이다.

이러한 기회가 과거보다 훨씬 많아진 요즘에는 굳이 학교에서 전공하지 않더라도 다양한 경로로 패션이나 음식 전반에 관한 지식과 간접적 경험을 습득할 수 있다. 그러다 보니 '의'나 '식'에 대해서는 전문가 못지않은 지식과 능력을 갖춘 분들이 많이 늘어나게 되었다.

하지만, '의'나 '식'에 비해 '주'는, 즉 '건축'은 아직 어렵게 느끼는 것 같다. 사실 사람은 태어나면서부터 죽을 때까지 건축을 떠나지 못한다. 어느 누구라도 물리적으로 집 없이 산다는 것은 상상도 할 수 없을 것이다. 자연재해로 심각한 피해를 본 곳을 생각해보자. 지진이 난 아이티와 중국, 쓰나미 피해를 입은 일본을 들 수 있다. 최근에는 서울의 우면산이나 춘천에서 산사태나 수해 때문에 집을 잃게 된 분들도 있었다. 그 분들에게는 집이 무너진 것이 아니라 '하늘'이 무너진 심정이었을 것이다. 그만큼 '집'이 가진 의미는 사람의 삶에서 절대적이다. 피해를 보신 분들 모두 힘을 내시고 다시 안정적인 일상을 회복하시기를 진심으로 기원한다. 아무튼, '집', 즉 '건축'은 사람에게 없어서는 안 될 중요한 존재지만, 평소 건축에 대해 생각할 기회가 그리 많지 않다 보니 '의'나 '식'에 비해 관심이나 지식이 덜한 것도 사실이다.

많은 건축가들은 건축에 대해 저마다 다른 정의를 내린다. 근대 건축의 아버지라 일컫는 르 코르뷔지에는 건축에 대해 "장엄한 매스(Mass)들의 연출이 빛과 함께 훌륭하게 이루어지도록 하는 것이다."라고 했고, 근대 건축의 또 다른 대가인 미스 반 데어 로에는 "공간 속에서 변화되어가는 시대의 의지다."라고 했다. 또한 《건축예찬》의 저자이자 건축가인 지오 폰티는 "건축은 움직이지 않는 움직임이다."라고 했다. 어찌 보면 이해될 듯하면서도 구체적으로 그려내기 쉽지 않은 말이다. 건축가들의 건축에 대한 정의는 대단히 철학적인 데가 있어 좀 난해하고 어려운 면이 있다. 그에 비해 독일의 철학자인 셸링은 "건축은 굳어진 음악이다."라고 했다. 균형과 안정, 통일과 변화를 의미하는 이 말은 건축의 감성적인 느낌을 잘 표현하고 있다. 그리고 영국의 저명한 사회비평가인 존 러스킨은 이렇게 말했다. "건축은 모든 사람이 배워야 하는 예술이다. 왜냐하면 건축은 모두와 관계되어 있기 때문이다." 한편, 독일의 히틀러는 "국가의 능력과 단결력을 표현하는 석조물이다"라고 건축에 대해 조금 뜬금없는 말을 했지만, 당시의 상황을 미루어 짐작한다면 그가 가진 생각을 이해 못하는 바도 아니다. 그 외에도 많은 철학자와 사상가들은 저마다 건축에 관심을 갖고 의견을 피력했다. 건축이 사람에게 미치는 역할이 크고 중대하기 때문이리라.

필자는 "건축은 사람의 삶을 담는 그릇이다."라는 말을 참 좋아한다. 누가 처음에 말한 것인지는 모르지만, 건축의 기능과 목적을 아주 쉽고도 정확히 표현했기 때문이다.

그렇다. 건축은 그릇과도 같다. 비어 있어야 사용할 수 있기 때문이다. 어쩌면 건축의 본질은 눈으로 보이는 꽉 찬 덩어리가 아니라 덩어리와 덩어리 사이의 비어 있는 곳이 아닐까. 그것이 공간이고, 그 공간의 주인은 바로 '사람'이다. 그곳에 사람의 삶을 담으며 사는 것이다. 고로 건축 공간이란 모름지기 사람을 위해 만들어야 하며 사람을 배려하고 생각하는 건축이 진정 우리에게 필요한 것이다. 그러나 지금까지의 건축은 어떠했는가? 이용자를 최대한 고려해 지은 건축이라 볼 수 있을까? 아파트의 예를 들어보자. 내부 구조는 물론이거니와 마감재인 벽지와 바닥재까지 똑같은, 천편일률적인 모습은 과연 개별적 상황과 특성이 모두 다른 사람들을 생각하며 지었다고 볼 수 있을까? 사람의 성품과 취향은 물론이고 가족의

스페인 바르셀로나 사그라다 파밀리아 성당
성당 내부의 기둥을 나무처럼 만들어 마치 거대한 숲속에 들어와 있는 듯하다.
자연을 섬세하게 묘사하고자 했던 가우디 건축의 정수를 보여준다. ⓒ조남혁

구성원, 나이, 성별 등등 저마다 조건이 다른 사람들에게 똑같은 주택을 공급하는 것이 타당한 걸까? 공사하는 처지에서는 대단히 효율이 높겠지만, 언제까지 건축을 효율이라는 측면에서만 바라볼 것인가?

'의식주'는 이제 생존을 위한 문제로만 머물러 있어서는 안 된다. 특히 '의'나 '식'에 비해 아직 걸음마 수준인 '주'의 문제는 더욱 그렇다. 건축이

사람의 삶을 담고 있는 동안 그 안의 사람은 행복하거나 불행해진다. 좋은 건축은 사람에게 행복을 안겨주지만, 나쁜 건축은 불행의 길로 이끈다. 심지어 나쁜 건축은 사람을 죽음으로 내몰기도 한다. 건축은 우리가 행복하게 살 수 있도록 돕는다. 좋은 건축을 장려하고 나쁜 건축을 몰아내야 한다. 어렸을 적에 수없이 불렀던 동요 〈우리 집〉의 나는 어느덧 아빠가 되어 있다. 오랜 시간이 흐른 지금, 이젠 나의 아들이 부르는 동요 속 닮고 싶은 아빠, 즉 진정한 건축가의 역할을 잘 해내고 있는지 궁금할 따름이다.

똑같이 생긴 그릇에 다양한 삶이 담겨 있다.
아니, 어쩌면 그릇에 맞춰 삶이 똑같아지고 있는 것은 아닐까?

인도 조드푸르의 메헤랑가르 성
돌로 쌓은 견고한 느낌의 탑위에서 확장된 전망대. 이곳에 사는 사람들은 자신을 보호하고 다른 사람을 감시할 목적을 동시에 가진 듯하다.
ⓒ정병협

'사는' 집,
'살리는' 집

우리의 생활은 대부분 건축 안에서 일어난다. 그중에서도 '집'은 우리가 평생 부르며 살아가는 가장 친근한 건축이다. 성인 대다수는 부모에게서 독립하는 순간 '집 장만'을 숙원사업으로 꼽는다. 죽기 전에 '내 집'을 가져보겠다고 소원하는 것이다. '집'이란 사람에게 어떤 존재일까? 여성의 경우 결혼 초 송두리째 바뀐 낯선 생활에 그리운 '친정 집'을 떠올리며 혼자 몰래 눈물을 훔친 경험이 있으리라. 남성 역시 군복무 중 훈련병 시절 고된 훈련을 마친 후 침상에 몸을 누이다가 '집' 생각에 눈물을 글썽여본 적이 있을 것이다. 집에 대한 그리움은 그뿐이 아니다. 어린이들은 잠시라도 부모를 떠나면 "집에 가고 싶어!"라고 칭얼댄다. 어른은 어떤가. 여행을 마친 후 현관을 들어서자마자 피곤한 몸을 소파에 파묻고는 "역시 집이 제일 좋아!"라고 깊은 숨을 몰아쉬며 말하지 않던가.

오죽하면 방송에서 "집 떠나면 개고생"이라는 자극적인 표현까지 쓸까. 이렇게 우리가 늘 소원하며 마음 편안해하는 '집'이란 과연 무엇일까?

영어에서 집은 두 가지 표현으로 쓰인다. 건물을 의미할 때는 하우스(House), 가족이 함께 사는 가정은 홈(Home)이라고 한다. 하우스는 재료, 즉 하드웨어에 대한 관점이고, 홈은 무형의 소프트웨어, 즉 사람의 삶에 대한 관점으로 이해할 수 있겠다. 하지만 우리는 '집'을 하드웨어인 '건물'과 소프트웨어인 '가정'을 모두 포함하는 포괄적 의미로 사용하고 있다. 물론 대개 '하드웨어'에 더 큰 비중을 두고 사용하지만 말이다. 나아가 '집=건축=부동산=돈'이라는 생각을 하고 계신 분이 많다는 느낌을 받기까지 한다. '건축' 하면 너무 전문적이어서 어렵다고 생각하는 이도 많다. 기술적으로도 전문 영역인데다 건축공사의 종류도 30가지에 가까워 전 과정을 이해하기도 쉽지 않다. 또한 건축을 미학으로 접근하면 의미가 복잡해지고 철학적으로도 어려워진다. 그래서 아예 전문가의 영역으로 취급되었다.

그러나 한편으로는 모든 사람이 '집(건축)' 안에 살기 때문에 건축을 너무 쉽게 생각하는 경향도 있다. 온종일 건축물 안에서 생활하다 보니 마치 그 건축물을 구석구석 다 알고 있다는 착각에 빠지는 것이다. 특히 한 건물에서 오래 살았거나 건물을 관리하는 사람이라면 더욱 그렇다. 시공 분야에서도 상황은 비슷하다. 큰 건축물은 전문회사에서 시공하는 것이 당연하다 생각하지만, 내 집을 지을 시공자는 그저 동네에서 집깨나 지어 본 사람이면 되겠지 하는 마음에 별생각 없이 일을 맡기기도 한다. 맡기는

이나 맡는 이가 다 전문가가 아닐 때가 있다. 그래서 다세대주택 규모 이하는 전문 자격증이 없는 '아마추어'가 건축하는 사례가 많다.

　왜 이런 일이 일어나는 것일까? 바로 하드웨어에만 집중하고 있기 때문이다. '건축'은 '세울 건(建), 쌓을 축(築)'으로 구성된 글자라 '건축'을 대개 '재료'의 관점으로만 다룬다. 하지만 '건축'은 조선 시대까지는 사용되지 않는 단어였다. 오히려 '조영(造營)', '영조(營造)', 혹은 '영건(營建)' 등의 단어가 사용되었다. '조영'은 지을 조, 경영할 영인데, 풀어서 해석하면 '짓고 경영한다'는 뜻이다. 집은 세우고 쌓는 것이 아닌, 짓고 경영하는 것이란

조영(造營). 짓고 경영한다.
이 집을 짓는 이들은 마치 자기 자식이 세상에 태어나는 심정으로 나무와 흙을 다루어서인지 비어 있는 곳조차도 너그러움이 배어 있다.

페루 티티카카 호수의 우로스 섬
갈대로 만든 인공 섬이다. 이 섬에 있는 모든 집은 갈대로 만들었고 이 갈대집에서도 행복한 삶이 지속된다. ⓒ오동석

의미다. 경영이란 이미 그 안에 '사람'과 '시간'의 개념이 들어 있는 단어이다. 그리고 짓는다는 것은 변화를 의미한다. 그것도 형태만 변하는 물리적 변화가 아니라 아예 성질이 변하는 화학적 변화를 뜻한다.

'짓다'를 사용하는 몇 가지 예를 보자. 농사를 짓다, 밥을 짓다, 시를 짓다, 노래를 짓다, 옷을 짓다, 약을 짓다 등 '짓다'는 평소에 참으로 많이 쓰인다. '농사를 짓는 것'은 무엇인가? 씨앗을 땅속에 묻어두면 농사가 되는가? 전혀 그렇지 않다. 햇빛과 물을 통해 싹, 즉 생명을 탄생시키는 것이

갈대마당 위
갈대집에서 평생을 살아온 원주민은 우리의 기준과는 다른 행복을 느끼며 살고 있다. ⓒ오동석

농사다. '밥을 짓는 것'은 어떤가? 쌀에 물을 부어 놓으면 밥이 되는가? 역시 그렇지 않다. 불에 의해 성질이 완전히 변해서 밥이 되고 음식이 되는 것이다. '시를 짓는 것' 또한 마찬가지다. 단어와 단어가 모인다고 해서 시가 되지는 않는다. 작가의 고뇌와 철학 그리고 오랜 시간의 경험과 사유가 곁들어져야 비로소 심금을 울리는 한 편의 주옥같은 시가 탄생한다. 옷이나 약을 짓는 것도 마찬가지다.

집도 '만든다'는 표현 대신 '짓는다'라고 한다. 재료를 세우고 쌓아서 형태를 만들었다고 '건축'이 되는 것이 아님은 앞서 언급했다. 하드웨어로 만들어진 공간에 사람의 삶을 사랑으로 담아야 한다. 그 순간 재료는 더 이상 재료 자체가 아니다. 그 성질이 변화되어서 비로소 사람을 보호하고 살리는 '집'이 되는 것이다. 그렇다면 우리가 현재 사용하는 '건축'이란 단어가 원래 우리 선조가 사용했던 '조영'이란 단어의 의미에 한참 못 미치는 개념임을 알 수 있다. 게다가 새마을운동으로 물질적 부흥까지 경험하다 보니 '건축'에 대한 오해가 깊어진 것이 사실이다. '집'이 '재료'나 '부동산'의 의미를 포함하고 있긴 하지만, 그것만이 다가 아니라는 것을 알아야 한다. 우리가 평생 사는 집이 사람에게 좋은 영향은 물론이고 나쁜 영향까지 미칠 수도 있기 때문이다. 심지어 나쁜 건축은 사람을 죽이기까지 한다.

건축은 원래 '은신처(Shelter)'라는 개념으로 시작되었다. 맨몸으로 살았던 사람들은 비나 눈 등 자연으로부터 자신과 가족을 보호할 거처가 필요했다. 또한 맹수나 이웃부족의 공격으로부터 방어하기 위해 은신처가 있어야 했다. 그 결과 건축이 생겨났다. 초기의 건축은 동굴이라는 자연물을 그대로 이용했을 것이다. 그러다 차츰 농사를 지으며 '움집'에서 기거하게 된다. 오늘날은 과학과 기술의 발달로 상상을 뛰어넘는 건축이 나타나고 있지만, 기본적으로 사람의 삶을 담는 그릇이라는 개념은 원시시대나 지금이나 다를 것이 없다.

'집'은 건축 재료를 쌓아 올린 물리적 공간이지만 동시에 사람의 삶이 이뤄지는 정서적 공간이기도 하다. 같은 재료라도 창고에 쌓아둔 벽돌과 집을 지으며 벽을 만들 때 사용되는 벽돌은 의미와 정서가 다르다. 사람을 살리고자 하는 목적이 생길 때 한 장의 벽돌에도 '인격'이 부여되는 것이다. 집은 사람을 살리는 건축이다. 사람의 삶을 담고 있기 때문이다.

미국의 저명한 건축가인 필립 존슨은 이렇게 말했다. "나는, 나의 예술에 오직 하나 위대한 분야가 있다는 사실을 깨달았다. 그것은 '사람을 위한 집'이다." 그가 말한 사람을 위한 집은 사람을 살리는 것을 의미한다. 지금 우리가 '사는' 집은 우리를 '살리고' 있는가? 현재 '사는' 집에 만족을 느낀다면 '살리고' 있는 것이 분명하다. 그러나 만족을 느끼지 못한다면 그 집은 '살리는' 능력이 부족한 집이다. 무엇이 부족한지 잘 살펴보고 이를 개선하는 것은 미래를 위해 매우 중요한 일이다. '집'은 사람에게 힘을 주어야 한다. 집이 줄 수 있는 진정한 힘은 경제력만이 아니다. 완전한 마음의 안식과 풍성한 정서적 만족감, 즉 '행복'이야말로 집이 줄 수 있는 차원 높은 힘이다. 우리가 사는 모든 집이 진정으로 사람을 사랑하고 '살리는' 그런 날이 오기를 꿈꾸어본다.

미국 보스톤의 고급 주택가
단단한 껍질은 공간을 잘 보호해 주지만, 외부와의 소통은 쉽지 않아 보인다. 마치 무뚝뚝한 군인들이 도열한 듯 서 있다.

태국 담년싸두악의 수상가옥
살아가는 방식이 조금 다를지라도 오래된 관습은 자연과 더불어 지속되고 있다. 이곳에서 사람이 살고, 이 집은 사람을 살린다.

사람을
닮은
건축

"저 집 좀 봐, 사람 얼굴 닮았어!" "어, 정말!"
건물이나 주택을 가만히 보면 어떤 때는 사람 얼굴처럼 생겼다는 느낌을 받는다. 좌우 대칭인 조그마한 집은 더욱 그렇다. 창은 눈과 같고, 주출입구는 입, 지붕은 머리처럼 보이는데다가 정면과 측면 모습이 확연하게 다른 것도 사람 얼굴과 비슷하다. 창 윗부분에 있는 '인방'이라는 수평 부재는 눈썹처럼 보이니 찬찬히 살펴보면 정말 많이 닮았다.

인간은 본능적으로 자연을 사랑하고 동경하나 보다. 그래서 무언가를 새롭게 만들 때도 그 형태는 자연의 일부를 모방하거나 변형한 것이 많다. 최초의 건축은 동굴을 이용한 원시적 형태였지만 기술과 문명의 발달에 힘입어 기후나 지역에 따라 점차 다양한 모습으로 바뀌게 되었다. 보호처나 은신처로 몸을 보호하는 것은 물론이거니와 인간의 정신적·정서적인 부분이나 감각적인 부분을 더욱 만족시키는 형태로 발전되어왔다.

앞서 말했듯 건축은 '사람의 삶'을 담는 그릇이다. 그릇 자체보다 중요한 것은 그릇에 담기는 내용물이다. 똑같이 생긴 그릇이라도 밥을 담으면 밥그릇이 되고 국을 담으면 국그릇이 된다. 건축도 마찬가지다. 건축물 자체보다는 그 건축물에 사는 사람의 특성과 삶에 더 주목해야 한다. 이는 하드웨어도 중요하지만 그 안에 담겨 있는 삶이라는 소프트웨어를 간과해서는 안 된다는 말이다. 삶을 담는 그릇의 의미로 본다면 사회적 교감이 잘 되게 하는 것은 물론이거니와 개인적 감정과 감각까지도 충분히 표현되고 발휘될 수 있도록 건축이 도와야 한다. 우리는 오감을 통해 눈으로는 보아야 하고, 입으로는 먹어야 하고, 코로는 냄새를 맡을 수 있어야 하고, 귀로는 들을 수 있어야 하고, 피부로는 느낄 수 있어야 한다. 그래야 건강한 것이다.

네덜란드 친환경 주택
자연채광을 위한 독특한 창이 눈에 띈다. ⓒ서동구

건축도 이렇게 살아 있는 오감을 가지고 있다면 정말 건강한 것이다. 기술의 차이는 있지만 근본적인 필요는 예전이나 지금이나 앞으로도 같을 것이다. 건축의 역할은 외부의 위험에서 사람을 보호하고, 내부에서 만족감과 행복을 만들어갈 수 있도록 도와주는 것이다. 사람의 감각기능과 대비해 예를 들면 입 기능은 출입할 수 있는 문이 하고, 눈과 귀의 역할은 외부를 보거나 바깥소리를 들을 수 있도록 창이 하며, 세찬 눈과 강한 비로부터 눈을 보호하기 위한 눈썹이나 눈꺼풀 같은 것은 창에 설치하는 루버나 덧창이 그 역할을 한다. 사람에게는 일정한 체온을 유지하는 것이 중요하듯이 건물도 쾌적한 온도를 유지하기 위해 온돌과 마루를 쓰기도 한다. 기술이 점점 발달할수록 건축에서도 후각이나 미각 또는 촉각 기능이 더욱더 강화된다. 그런 감각 기능을 지닌 건축물을 '인텔리전트 빌딩', 즉 지능형 건물이라고 한다. 스스로 조절하는 똑똑한 건물인 셈이다.

인텔리전트 빌딩
지진에 대한 방어는 물론이고 눈과 비바람에도 대처할 수 있게 지어졌다.

비용이 많이 들기 때문에 아직은 보편화하지 않았지만 인텔리전트 빌딩은 최근 세계 각지에서 많이 생겨나는 추세다. 뜨거운 태양이 작열하는 때는 스스로 센서에 따라 일조량을 조절하는 루버를 작동하고, 바람이 심하게 불거나 비가 많이 오는 날이면 유리창에 덮개를 덮어 피해가 예상되는 부분을 보호한다. 겨울에 눈이 와서 쌓이기 시작하면 열선을 작동시켜 빠르게 눈을 녹인다. 주방에서 요리할 때는 냄새를 인지하는 센서가 자동으로 환풍기를 작동하게 하는 등 점점 사람의 생각과 행동까지 닮아가는 건축이 생겨나고 있다.

내가 느끼는 것을 우리 집도 똑같이 느낀다고 생각해보면 어떨까? 경치 좋은 곳에서 사는 사람이 눈을 크게 뜨고 바깥경치를 즐기는 것처럼 집도 창을 크게 내고 경치를 즐기는 것은 아닐까? 주위에 공장이 있어서 시끄럽거나 자동차 소음이 심하면 집도 사람처럼 눈과 귀를 굳게 닫아버리는 것은 아닐까? 어쩌면 사람보다 먼저 주변 상황을 느끼며 가슴에 품고 있는 사람들을 묵묵히 보호하고 지켜주는 건축이 때로는 안쓰럽게 느껴진다.

뱃속 태아는 세상을 직접 볼 수 없지만 엄마는 태아를 위해 좋은 음식을 먹고, 좋은 음악을 들으며 좋은 것만 바라본다. 그러면 그 행복감은 태아에게 그대로 전해지며 태아가 즐겁게 노는 움직임은 다시 엄마에게 더 큰 기쁨이 되어 돌아온다. 아이가 건강하게 자라려면 먼저 엄마가 건강해야 한다. 아이가 행복하려면 엄마가 먼저 웃고 행복해야 한다. 엄마의 기분이 좋아야 아이의 기분도 좋아지는 것이다. 그러면 태아는 저절로 건강하고 감성이 풍부한 아이로 자라기 마련이다. 이것이 '태교'다.

필자는 집도 태교가 필요하다고 생각한다. 엄마가 아이를 뱃속에 품고 있는 것처럼 집이 사람을 품고 있다고 가정해보자. 들어가면서 저절로 기분이 좋아지는 집이 있는 반면, 어떤 집은 들어가자마자 여러 가지 이유로 얼굴이 찌푸려진다. 기분이 좋아지는 집은 어떤 집일까? 집안 곳곳에 햇빛과 바람이 잘 들어 늘 뽀송뽀송한 느낌으로 생활할 수 있는 곳이다. 이런 집에서 살면 무척 쾌적할 것이다. 그리고 경치가 아름다운 곳에 자리 잡은 집도 사람의 기분을 좋게 만든다. 창밖의 풍경을 볼 때마다 "아름답다!"는 탄성이 절로 나오는 집에서 산다면 그 누가 행복하지 않을까?

그렇다면 우리가 사는 '집'에 인격이 있다고 생각해보자. 집이 온몸으로 햇빛을 가득 받고 경치 좋은 곳에 자리해 풍광을 즐기며 풍부한 정서를 갖춘 덕에 그 안에 있는 사람에게 좋은 기운을 전하는 것은 아닐까? 반대로 곰팡이가 피어 있거나 물이 새는 집에 들어가면 역겨운 냄새나 나쁜 외관 때문에 바로 기분이 상하게 된다. 어쩌면 집이 병들어 아파 죽을 지경이라 그 속에 품고 있는 사람을 돌볼 겨를이 없는 것은 아닐까? 자기 몸이 아프니 불평과 짜증으로 사람을 대하는 것인지도 모른다. 집의 건강이 좋지 않으면 그 안에 있는 사람을 제대로 돌보지 못하는 것이 어쩌면 당연하다. 사람은 누구나 자기가 사는 집에서 건강하고 행복하게 지내고 싶어 한다. 그러려면 집이 먼저 건강하고 행복해야 한다. 필자는 이를 '건축의 인격화'라고 부른다.

그렇다면 어떻게 해야 집에 '인격'을 부여할 수 있을까? 처음 계획하고 설계할 때부터 짓고 나서 들어가 살 때까지 모든 부분에서 정성을 다해야

필자가 설계한 SK 청솔노인복지관
노인을 위한 시설이지만 어린이처럼 생기있게 생활하시기를 기원하는 마음으로 설계했다. 왼쪽 전면에 '효'자를 이용한 디자인이 얼굴처럼 보여 재미있다. ⓒ이중훈

한다. 나와 내 아들딸, 나아가 손자 손녀들이 살 집이라고 생각하며 정성을 기울이면 된다. 그런 점에서 요즘 집들은 명품인격이 아니라 짝퉁인격을 갖춘 것이 많은 것 같아 안타깝다. 집은 사람을 닮았다. 단순히 벽돌 덩어리, 콘크리트 덩어리에 불과한 것이 아니다. 집은 생명이 있는 유기체다. 건축은 우리가 그 안에서 느끼는 기쁨과 행복을 먼저 느끼고 고통과 불편함도 우리보다 먼저 느낀다. 그러므로 좋은 건축을 하면 좋은 환경이 되고, 좋은 환경이 더 좋은 사람을 만들어가는 것은 분명하다.

건축물의 뼈대,
가문의 뼈대

뼈란 무엇일까? 사전적 의미의 뼈는 '척추동물의 살 속에서 몸을 지탱하는 단단한 물질'이다. 인간을 포함한 척추동물은 '뼈'가 있기에 몸을 바로 잡을 수 있으며, 그 모양이 무너지지 않고 성장할 수 있다. 이런 뼈를 통틀어 '뼈대'라고 한다. 반면, 뼈가 없는 생물도 많다. 척추동물을 제외한 거의 모든 생물에는 뼈가 없다. 땅에서는 민달팽이나 지렁이가, 물속에서는 낙지나 오징어, 해파리 등이 그렇다. 진정한 의미에서 척추동물의 그것과는 다르긴 하지만 갑오징어처럼 단단한 무언가가 있는 것도 있다. 소라나 달팽이처럼 딱딱한 껍데기를 통해 부드러운 살을 보호하거나 거미나 곤충처럼 아예 몸의 겉 부분이 단단한 피부로 된 갑각류도 있다. 자신의 몸을 보호한다는 것은 결국 종족을 보호한다는 것과 다르지 않다. 비록 뼈가 없더라도 모든 생물은 자신과 종족을

일본 건축가 시게루 반이 설계한 페이퍼테이너 뮤지엄
페이퍼와 컨테이너의 합성어로 방수 처리된 특수종이와 컨테이너만을 사용해 만들어졌다. 서울 올림픽공원에 설치되어 전시회장으로 사용된 후 지금은 해체되었다. ⓒ김태형

지켜나가는 또 다른 장치를 갖춘 셈이다. 척추동물인 사람은 뼈를 통해 일차적으로 자신을 지키지만, 더 나아가 벽과 바닥과 지붕이라는 껍데기로 이루어진 안정적인 '건축 공간'을 통해 자신과 가족의 삶을 보호한다.

'안정성'이란 변하지 않는 성질을 말한다. 생물의 뼈대가 튼튼하게 유지되는 것처럼 건축 공간도 구조적 '안정성'을 갖춰야 한다. 우선 건축물이 무너지지 않아야 하며 그 후에는 내부에 있는 사람을 위험으로부터 보호

해야 한다. 따라서 건축에는 보통 단단한 재료를 사용한다. 그래야 어느 정도 안정성을 담보할 수 있다. 종이로 집을 짓지 않는 이유가 바로 안정성을 갖추지 못했기 때문이다. 하지만 특이하게도 일본의 건축가 '시게루 반'은 종이로 구조체를 만들어 건축하기도 한다. 주로 기념적인 건축행사에서 특이한 건축의 모습을 보여주기 위해서지만, 드물게는 고정적인 건축물로 만들기도 한다. 그러나 연약한 성질의 종이에 안정성을 부여하려면 여러 가지 처리 과정을 거치게 되며 비용과 시간이 많이 소요된다. 그럴 즈음이면 이미 우리가 알고 있는 보통의 종이가 아니다.

안정성을 갖는 일반적인 재료로는 돌, 나무, 철, 콘크리트 등이 있다. 주로 주변에서 많이 나는 재료를 이용해 건축하는 것이 비용과 기간을 줄이는 방법이라 우리나라는 오래전부터 흙, 나무 그리고 돌을 많이 사용했다. 또 농사를 주산업으로 했기 때문에 추수가 끝난 후 남게 되는 지푸라기를 이용해 매해 지붕을 덧씌우곤 했다. 특별한 경우 흙을 불에 구워 그 내구성과 방수성능을 높인 기와를 만들었는데, 이는 부유한 양반가에서 주로 사용했다. 사실 지푸라기보다는 기와가 안정성이 높았기에 근대 개발시대 이후 기와는 서민들의 보편적인 지붕 재료로 자리 잡게 되었다.

다시 뼈 이야기로 돌아가보자. 뼈는 안정성을 갖춰야 한다. 사람도 나이가 들면 골밀도가 낮아지고 골다공증이 생겨 사소한 충격에도 뼈가 쉽게 부러진다. 골밀도가 높은 어린이와 청소년도 넘어지면 뼈가 부러지는데 하물며 노인들은 오죽할까? 할아버지 할머니가 되어 건강을 유지하는 가장 중요한 비결은 넘어지지 않는 것이다. 나이가 들어 잘못 넘어져 뼈가 부러지면 쉽게 회복되지 않기 때문이다. 건축도 마찬가지다. 외부요인에 의해 뼈가 부러지지 않게 만드는 것이 가장 중요하다. 외부 요인이란 지진이나 태풍, 수해 등 자연재해를 말하며, 또 다른 위험 요소로는 화재가 있다. 이런 예기치 못한 위급상황에서 우선시 되는 것은 건축물이 자기 몸을 잘 지탱하고 있는 것이다. 그 후 사람이 빨리 탈출할 수 있도록 해야 한다. 만약 이런 심각한 상황에서 건축물이 무너진다면 그 안에 있는 사람은 생명에 심각한 위협을 받을 수 있기 때문이다.

1995년 1월 일본 고베에서 대지진이 일어났다. 그때 많은 건축물, 특히 주택들이 힘없이 무너지면서 극심한 피해가 나타났다. 일본은 경량 목조 주택이 많다보니 진도 7.2의 지진에는 많은 건축물이 속수무책일 수밖에 없었다. 그런데 당시 일본의 건축가인 '안도 다다오'가 설계한 주택들은 거의 피해가 없었다고 한다. 그가 설계한 건축물은 벽, 바닥, 지붕이 모두 철근콘크리트로 만들어진 일체식 구조물이어서 지진을 견디는 힘이 매우 강했기 때문이었다. 이 일로 안도 다다오는 일약 세계적인 건축가로 이름을 알렸으며 현재도 많은 노출콘크리트 건축 작품을 남기고 있다.

이렇듯 건축물의 뼈대를 이루고 있는 기둥과 보, 벽과 바닥판 그리고 계단과 지붕은 단단하고 안정성이 있는 재료로 만들어야 하며, 이 부분을 '주요 구조부'라고 한다. 그런데 건축법에서는 주요 구조부에 '기초'를 포함하지 않고 있다. 기둥이 있으려면 기초가 당연히 있어야 하는데 왜 기초를 주요 구조부에 포함하지 않았을까? 건축법에서 '주요 구조부는 내화구조로 하여야 한다.'라고 정의하고 있는데, 이렇게 정의한 의도는 주요 구조부

스페인 코르도바 메스키타 내부
기둥과 기둥이 아치 형태의 보로 연결되어 있다. 보는 이에 따라 과자나 베이컨을 닮았다고 느끼기도 한다. 곡선이 주는 느낌이 부드럽고 독특하여 이런 공간을 체험하면 오랫동안 잊혀지지 않는다.
ⓒ오동석

가 화재에 강한 구조로 되어야 한다고 의미하기 때문이다. 위의 기둥과 보 등 주요 구조부는 모두 외기에 노출된 지상 부분이고, 지하에 있더라도 화재의 위험이 있다. 하지만, 기초는 이미 땅속에 묻혀 있어서 화재에 전혀 노출되지 않기 때문에 건축법에서 별도로 규정하고 있지 않은 것이다. 따라서 건축법에서 말하는 주요 구조부에 기초가 빠져 있을지라도 실제로는 아주 중요한 구조부임을 간과해서는 안 된다.

기둥이 안정적으로 잘 서 있으면 기둥 위로 기둥과 기둥을 연결하는 보가 만들어지고 그 위로는 바닥판이 놓이게 된다. 이러한 구조가 반복되어 결국 큰 건축물이 만들어지게 되니, 힘 있는 기둥은 건축에서 매우 중요한 부재임이 틀림없다. 그런데 기둥이 든든히 서 있으려면 그 아래 기초가 확실해야 한다. 그래서 흔히들 '모든 일은 기초가 튼튼해야 한다.'라고 말한다. 기초가 무르면 기둥이 제대로 서 있을 수 없기 때문이다.

그런데 한 가지 더 알아야 할 부분이 있다. 그것은 바로 '지정'이다. 집을 지을 때 가장 먼저 하는 일은 '터'를 닦는 일이다. 땅이 무르면 그 땅을 다지는 작업을 한다. 집이 설 자리는 더 단단히 다진다. 이때 기초가 놓일 자리는 특별한 방법을 사용하는데, 그 자리를 깊이 파는 것이다. 그리고 그곳에 돌이나 모래 등을 적당히 부어 넣고 잘 다지는 작업을 한다. 똑같은 방법으로 또 돌이나 모래를 부어 넣고 다진다. 이런 일을 반복하면 여러 켜의 단단한 부분이 되는데, 이를 '지정'이라 한다. 지정은 땅이 집의 무게를 잘 버티도록 땅에 힘을 길러주는 역할을 한다. 그런 후 그 위에 기초를 놓는다. 따라서 집을 지을 때 기초보다 더 근본적으로 중요한 부분이 바로 '지정'이다. 무거운 건축물을 버티는 땅의 힘을 '지내력'이라 하는데, 이 지내력을 키워야 건축물이 안정성을 갖출 수 있다. 아무리 잘 만들어진 건축물이라도 지내력이 약한 땅에 지어놓으면 건물이 서서히 땅속으로 가라앉게 된다. 이를 '부동침하(不同沈下)' 또는 '부등침하(不等沈下)'라고 한다. 이탈리아의 유명한 건축물인 피사의 사탑은 초기 의도와 다르게 시간이 흐르면서 기울어지고 말았다. 즉 지내력이 약한 땅에 지어졌거나 지정이 부실했던 것이다. 사람이 많이 사용하는 본관동이 아니기에 부수지 않고 놔두었는데, 오히려 건축물이 부동침하하면서 기울어 세계적으로 유명한 건축물이 되었다. 그 덕에 많은 관광 수입을 얻게 되었음에도 피사의 사탑은 본질적으로 하자 있는 건축이다.

이렇듯 '지정'은 기초보다 더 중요한 역할을 한다. 이를 가정에 비유하면 아버지는 기둥이라 할 수 있고 할아버지는 기초에 해당한다. 그럼 지정은 무엇일까? 할아버지의 아버지, 할아버지의 할아버지, 또 그 위의 할아버지들이 닦아 놓은 한 '가문'이라고 볼 수 있겠다. 요즘은 잘 사용하지 않는 말이지만, 옛날에는 '뼈대 있는 가문, 뼈대 있는 집안'이란 말을 많이 했던 것 같다. 사실 척추동물의 뼈처럼 가문이 눈에 보이는 뼈대가 어디 있겠는가? 자신이 있기까지 아버지 대에서 잘 이끌고, 아버지가 계시기까지 할아버지 대에서 잘 보살폈으며, 그 할아버지가 계시기까지 선조 대에서 열심히 양육해 사회에 모범이 되는 업적이나 전통을 가진 좋은 가문이 되도록 애쓰고 수고하셨을 것이다. 그 애틋한 마음과 가슴 절절한 정성이 쌓이고 쌓여서 훌륭한 가문을 이룬 것이다.

지정이 약하면 건물이 기울거나 심하면 무너진다. 우리네 인생도 마찬가지다. 우리의 가정과 가문이 기울어지지 않도록 멋진 뼈대를 만들어 가야 하지 않을까? 사람은 건축물과 달리 그 역할이 변화한다. 건축물의 기둥은 한번 기둥이면 끝까지 기둥이지만, 우리는 현재 가장으로서 기둥의 역할을 하고 있을지라도 언젠가 자식에게 그 역할을 물려주고 기초가 될 수 있다. 그러다 기초의 자리마저 물려주면 그때부터는 땅속에서 '지정'이 되어 가정과 가문의 역사가 될 것이다. 훌륭한 가문은 당대에서 만들어지지 않는다.

이탈리아 피사의 사탑
지반보강공사 덕분에 현재는 더 이상 침하하지 않는다. ⓒ김지현

이탈리아 로마에 있는 포로 로마노 유적
대리석으로 만들어진 기둥 하부에 기초판이 보이고 그 아래로는 땅을 단단하게 하기 위해 작은 돌을 넣어 여러 층으로 다진 지정이 보인다. 땅속 지정이 튼튼해야만 기초와 기둥이 안정되게 서 있을수 있다. ⓒ정준철

최소 3대 이상 지나면서 쌓이는 것이 가문의 역사이기 때문이다. 가장인 기둥 역할은 주로 아버지가 맡지만, 때로는 어머니가 하기도 하고 불행히도 부모가 안 계신 어린 친구들은 스스로 소년 소녀 가장이 되기도 한다. 우리 사회는 이들을 위해 강력한 '기초'와 '지정'이 되어주어야 할 것이다.

건축물의 뼈대는 물론이고, 가정과 가문, 더 나아가 우리 사회의 뼈대도 안정성이 필요하다. 세월과 함께 화려한 건축물은 사라졌어도 로마의 포로 로마노나 잉카문명의 발원지인 마추픽추 등 오래된 유적지를 보면 여전히 그 터와 흔적은 남아 있다. 역사와 함께했던 듬직한 '기초'와 '지정'을 보며, 세월이 흐른 후 필자가 가문과 사회의 안정성을 돕는 올바른 뼈대로 바로 서 있었는지 돌아볼 때 부끄럽지 않았으면 좋겠다.

사람이 죽으면 집도 죽는다

여행 중 시골 길을 지날 때면 아름다운 풍광에 감탄한 적이 한두 번이 아니다. 사계절 모두 아름답지만 그중 특히 늦가을 경치는 맘을 무척 설레게 한다. 벼가 다 익을 즈음이면 '황금 들녘'이 정말 완벽한 표현임을 실감하며 감탄사를 연발한다. 추수철이 지나면 감나무의 잎사귀는 거의 다 떨어지고 까치밥으로 남겨둔 몇 개의 빨간 감 열매와 검은 줄기만이 남아 대조를 이루는 모습에 가슴 저미는 애절한 감상에 빠지곤 한다. 이런 풍경은 세계 어느 나라에서도 찾아볼 수 없다.

우리만의 정서가 스며들어 있는 아름다움이기 때문이다. 어느덧 해가 뉘엿뉘엿 넘어갈 즈음이면 마을에는 저녁 식사 준비가 한창이다. 하얀 연기가 모락모락 피어나는 굴뚝이 하나둘 늘어가며 한가로운 들녘과는 달리

사람이 살고 있는 집일까? 까치밥만 남은 감나무를 보면
사람의 손길이 느껴지기는 하지만, 무너져가는 집처럼 건강이 염려스럽다. ⓒ유영상

내부는 분주해지기 시작한다. 흙벽과 초가지붕 또는 함석판 지붕으로 지어진 오래된 집들이라 겉으로 보기에는 허술하기 짝이 없지만, 그곳에서 평생의 삶을 채워가며 살아오신 촌로들의 생활이 날마다 숭고하게 펼쳐지고 있는 것이다.

이렇듯 집은 삶을 담아 오랫동안 사람과 함께 살아가고 있다. 사람이 사는 동안에는 아무리 허술해도 집이 갑자기 무너지는 일은 거의 없다. 그런데 사람이 살지 않는 시골집은 마치 퇴직 후 갑자기 주름살이 늘면서 늙어버린 아버지처럼 어느 순간 황망히 낡아지고, 심하면 무너지기까지 한다. 그 이유가 뭘까? 사람이 사는 동안에는 집 안에 적당한 '온도'와 '습도'

도둑 걱정이 심했나보다. 감옥이 따로 없다. 이곳에 사는 사람은 철조망으로 보호받고 있다고 느낄까? 오히려 위협받는 것은 아닐까. ⓒ정병협

가 유지된다. 온도와 습도는 집이 건강을 유지할 수 있는 사람의 호흡과도 같다. 그런데 사람이 살지 않는 순간부터 집은 생명을 유지하는 호흡을 멈추게 되는 것이다. 과학적으로도 일리가 있다. 그러다 사람이 죽으면 늪게 되고 얼마 후 흙이 되는 것처럼, 집도 사람이 살지 않으면 죽음을 맞이한다. 그래서 다시 흙으로 돌아가기 위해 무너져 눕는 것은 아닌지 모르겠다. 이는 비단 시골집만이 아니다. 지방의 국도를 다니다 보면 공사를 하다 만 건축물의 골조를 심심치 않게 만나게 된다. 철근콘크리트 건물이라는 특성 때문에 쉽게 무너지지 않을 뿐 생명이 느껴지기는커녕 오싹하고 흉측스럽기까지 하다.

'집'이란 그저 건축 재료를 쌓아서 만든 단순한 조형이나 공간이 아니다. 재료에 의해 만들어진 공간에 사람이 살기 시작하야 비로소 '건축'이다. 집은 처음에는 흙이나 돌과 같은 단순한 재료에 의해 만들어진 공간이었지만, 사람이 살면서 가꾸고 돌보는 동안 건축도 생명을 갖게 된다. 사람이 코로 숨을 쉬면서부터 존재가 된 것과 마찬가지로, 집도 사람이 살면서부터 생명을 갖기 시작하고 차츰 인격도 형성되는 것이다.

따라서 사람이 건축, 즉 집을 인격적으로 대하고 잘 가꾸어준다면 건축 역시 그 안에 사는 사람과 인격적으로 소통하게 된다. 만일 집이 사람과 훌륭한 정서적 교감을 하게 되면 그 집은 사랑으로 충만해지고, 그 집에 사는 사람은 날마다 좋은 감정을 느낄 수 있다.

집이 사람을 정성껏 돌봐주게 되는 것이다. 이렇듯 사람과 집은 상호 소통하면서 행복하게 살아가는데, 어느 순간 사람이 사라지게 되면 그 집은 이제 소통과 교감의 대상이 없어지는 것이다. 이는 마치 금실이 좋은 부부일수록 어느 한 쪽이 먼저 세상을 떠나면 남은 이가 마음을 의지할 데 없어 상심하며 시름시름 앓다가 곧 세상을 하직하는 일과 비슷한 이치가 아닌가 싶다.

물론 사람은 경우에 따라 재혼을 하기도 한다. 요즘은 부모 중 어느 한 쪽이 홀로 남게 되면 자녀가 먼저 재혼을 서두르기도 한다. 혼자가 된 부모님이 외로움과 삶의 고통을 견디지 못하고 갑작스레 세상을 떠날지 모른다는 두려움 때문일 것이다. 아무튼 나이 드신 어르신들도 새로운 짝을 만나면 얼마 지나지 않아 활력을 되찾고 새롭게 힘을 얻어 인생을 꾸려가신다. 집도 마찬가지다. 비었던 집도 새로운 주인을 맞이하게 되면 다시 힘을 얻고 살아난다.

부부는 오래 살수록 서로 닮아 간다고 한다. 이는 근거 없는 말이 아니다. 얼굴에는 약 80개의 근육이 있는데, 그 중 웃을 때는 16개의 근육을 사용하고, 화내거나 찡그릴 때는 나머지 모든 근육을 사용한다고 한다. 근육을 적게 움직이는 것이 많이 움직이기보다 훨씬 쉽다. 그러니 웃는 것이 찡그리는 것보다 쉬운 것은 당연하다. 어렵게 찡그리지 말고 쉽게 웃는 것이 건강과 젊음을 위해 여러모로 좋다. 부부가 오랫동안 함께 살면서 같은 일에 웃거나 기뻐하고, 어려운 일에 함께 고민하며, 화내거나 찡그리는 일을 반복하다 보면 서로 얼굴 근육의 움직임이 비슷해져 결국 얼굴도 닮아가게 된다는 것이다.

사람처럼 집도 사람과 함께 오래 살면서 그 주인의 모습뿐 아니라 성품까지 닮아간다. 꼼꼼하고 부지런한 사람은 자신의 그런 성품을 반영해 집을 가꾸어간다. 그러면 집은 차츰 아름다워지고 부지런한 손놀림 덕분에 곳곳이 야물게 정리된다. 평화롭고 따뜻한 느낌으로 충만해져 거주하는 사람이 좋은 정서로 살아갈 수 있게 해준다. 반면 게으르고 무심한 사람의 성품 역시 집에 고스란히 반영된다. 예컨대 세월이 흐르면서 조금씩 물이 새는 등 집이 아파해도 그대로 버려둔다면 곰팡이가 피어 얼룩이 지거나 겨울이면 틈새로 찬바람이 들어와 결국 사람의 건강에 좋지 않은 영향을 끼치게 된다.

한편, 사람의 뼈는 사고에 의해 부러지지 않는 한, 살면서 크게 문제 될 일이 없지만, 소화기나 호흡기 계통은 나이가 들면서 기능이 떨어져 간혹 병치레를 하게 된다. 때로는 드물게 신경 계통이 말썽을 일으키기도 한다. 그럴 때면 병원에서 치료나 수술을 받아 몸 상태를 회복한다. 이처럼 갑작스럽게 아프지 않으려면 운동을 하거나 건강보조 식품 등을 섭취하면서 평소에 건강을 잘 관리해야 한다. 그런데 우리가 지극한 정성과 시간을 투자하며 관리하는 쪽은 대개 몸보다 얼굴이다. 평소에 목욕을 자주 하지 않는 사람일지라도 자기 얼굴은 매일 씻지 않는가? 남녀노소를 막론하고 얼굴에 공을 들이는 데는 아주 열심이다. 심지어 피부에 좋다는 온갖 화장품을 섭렵하고 마사지를 받으러 다니는 등 남들이 보기에도 유난스러울 정도로 피부 관리에 애쓰는 이도 많다.

집도 사람과 비슷하다. 건축의 구조체는 내구성을 갖추었기에 수명이 길고 큰 문제를 일으키지 않지만 소화계나 신경계에 해당하는 설비와 전기 시설은 몇 년에 한 번씩 수리를 해주어야 한다. 특히 사람의 피부에 해당하는 마감자재는 재료의 특성에 따라 기간의 차이는 있을지언정 다른 부분보다 더 자주 손질해줄 필요가 있다. 사람이 꼼꼼하게 이곳저곳을 살펴주면 집도 건강해지고 기분이 좋아져 주인을 꼼꼼하게 살펴준다. 그러나 집을 돌보지 않고 무관심하게 내버려두면 집도 사람에게 똑같이 대한다.

결국, 집이 건강하면 그 안에 사는 사람도 건강해지고 집이 병들면 사는 사람도 병드는 셈이다. 매일 청소하며 쓸고 닦아주는 주인과 함께 생활하는 집은 행복을 느낄 것이다. 그러다 주인이 어떠한 이유로든 떠나고 다시는 사람이 살지 않으면 그 집도 존재의 의미를 잃어버린다. 사람이 살지 않는 집이 무너지는 이유가 거기에 있다. 깨끗한 신축 건물일지라도 구조체 공사를 하는 동안에는 건축물이 예쁘고 정겹게 느껴지기가 어렵다. 하지만 마감공사가 다 끝난 이후 다시 보면 골조만 있었을 때와는 확연히 다른 감정을 느끼게 된다. 집이 서서히 살아나기 때문이다. 집이 점점 살아나는 것에 대한 희열은 느껴보지 못한 이는 진정으로 알 수 없다. 생명을 대면하는 것을 어찌 짐작으로 알 수 있겠는가? 한 생명이 태어나면 온 집안에 기쁨과 웃음이 넘친다. 시들어가는 어른들이 어린 생명을 바라볼 때 활력을 얻는 것처럼 말이다.

집도 이런 존재다. 새로운 생명으로 태어나 우리와 평생 같이 살며 날마다 함께 웃고 함께 눈물 흘리는 가족이 되는 것이다. 어쩌면 대를 이어 충성을 다하는 집사처럼 우리 자녀들에게도 좋은 영향과 추억을 만들어주는 훌륭한 친구가 될 수도 있다. 평생 자신과 가족을 행복하게 해주는 이런 충성스러운 건축에 살고 있다면 그 자체가 성공한 삶이 아닐까? 필자는 오늘도 사람을 더 행복하게 해주는 건축을 꿈꾸고 있다.

베트남 다낭 하이난 고개에서 만난 불가리아 노 부부
얼굴에 행복이 넘쳐나 보는 사람도 함께 미소짓게 되듯, 사람이 행복하면 건축도 행복을 느끼게 된다. ⓒ정병협

ⓒ 석정민

백화점에는 왜 창이 없을까?

백화점 화장실에는
왜 출입문이 없을까?

은행 천정이 높은 이유?

음악당 천정은 왜 구불구불할까?

주부의 작업 삼각형

주차장 출입구는 어디에?

발코니, 베란다, 테라스, 필로티?

들어가기 위한 문, 나가기 위한 문

화장실을 쉽게 찾으려면?

CHAPTER 02

건축,
생활 속에 스며들다

백화점에는
왜
창이 없을까?

"어, 시간이 벌써 이렇게 됐어? 큰일 났네. 애들이 기다릴 텐데……."

저녁 시간이 다 되었을 때 허겁지겁 백화점을 빠져나가는 주부들을 간혹 본다. 햇빛은 사람이 생활하는 데 반드시 필요한 요소 중 하나다. 따라서 햇빛이 실내로 잘 들어오도록 하는 것은 건축을 계획할 때부터 중요하게 다뤄야 하는 문제다. 그러한 역할을 하는 장치가 바로 창이다. 창을 통해서 햇빛이 들어오고 창을 열어 탁해진 실내 공기를 환기하기도 한다. 그런데 이렇게 중요한 역할을 하는 창이 필요 없는 건물도 있을까? 사람이 잠시라도 사용하는 공간은 크건 작건 창이 필요하다. 오랜 시간 머무는 곳은 큰 창이 필요하며 잠시 머물지라도 공간의 용도에 따라 적절한 크기의 창이 있어야 한다. 하지만 특수한 목적으로 지어진 건물에는 아예 창이 없다. 여기서 특수한 목적이란 '채광과 환기'보다 우선하는 다른 목적을 의미한다.

　백화점은 '채광과 환기'보다는 장사를 목적으로 지은 시설이므로 무엇보다 '장사'가 잘되어야 한다. 백화점 건물은 사람의 심리적인 특성을 잘 이해하고 이용한 예라고 할 수 있다. 먼저 고객을 백화점 안으로 끌어들여야 하기 때문에 건물이 눈에 잘 띄어야 한다. 백화점이 일반 건물과 비슷하게 생겼으면 모르는 사람들은 찾기가 쉽지 않다. 백화점 출입구 앞에는 대개 이벤트를 할 수 있는 공간이 마련되어 있다. 그곳에서 염가판매를 하거나 공연 등 문화행사를 하면 자연히 사람들이 모인다. 그리고 잠시 머물던 사람들은 자신도 모르게 백화점으로 빨려 들어간다. 백화점의 고객은 주로 여성이며 그중에서도 특히 주부가 많다. 그래서 백화점 안에는 주부를

서울 영등포 타임스퀘어 명품관
오픈 스페이스와 천창, 조명이 어우러져 고급스러운 분위기를 자아낸다. ⓒ정준철

화려한 실내조명이 밝은 햇빛을 대신해 사람들에게 시간을 잊게 한다.

외부에 창이 없는 대신 내부에 오픈 스페이스를 두면 쾌적한 환경을 만들 수 있다.

배려한 장치가 곳곳에 보이는데, 한번 들어온 주부고객이 오랫동안 쇼핑하게 하는 것이 백화점의 최대 관심사다. 따라서 백화점 곳곳을 빠짐없이 둘러보게 하는 것이 아주 중요하다. 그래야 입점한 상점들이 매출을 골고루 올릴 수 있을 테니까 말이다. 그러려면 쇼핑 동선을 아주 복잡하게 만들어놓을 필요가 있다. 그래서 미로에 갇혀서 여기저기 헤매다가 가까스로 빠져나온 듯한 느낌이 들도록 동선을 구성한다.

백화점 곳곳에 쉴 수 있는 공간을 마련해놓았지만 시간을 알지 못하도록 시계는 걸어두지 않았다.

외부에 창이 있지만 디자인적 요소로 활용할 뿐 실제 채광은 되지 않는 경우가 많다.

갤러리아 백화점의 독특한 외관
1층을 제외하곤 창이 없으며 외벽을 조명으로 디자인했다.

02 | 건축, 생활 속에 스며들다

한 가지 예로 백화점의 주 출입구에서 2층으로 올라가는 에스컬레이터는 대개 출입구 앞에 바로 두지 않고 멀리 안쪽에서 올라가도록 설치한다. 고객들이 에스컬레이터를 타러 가면서 1층에 있는 매장을 저절로 둘러보게 하기 위해서다. 소상인들이 모여서 운영하는 쇼핑센터의 에스컬레이터는 간혹 한 달이나 일주일 주기로 올라가는 방향이 바뀌기도 한다. 고객 동선이 판매실적에 미치는 영향이 큰 탓에 입점한 매장들에게 기회를 공평하게 주기 위해서다.

일단 고객이 백화점에 들어오면 오랜 시간 머물게 하면서 시간의 흐름을 알 수 없도록 하는 것이 백화점의 중요한 전략이다. 쇼핑하는 동안 다른 생각 없이 진열된 상품에만 관심을 쏟아야 하는데 창이 있어서 창밖으로 저녁때가 되어가는 것이 보인다면 특히 주부들은 쇼핑을 중단하고 서둘러 집으로 갈 것이다. 자연채광과 자연환기를 포기하더라도 바로 이러한 이유로 백화점에는 창을 설치하지 않는다. 그렇다면 채광과 환기 문제는 어떻게 해결할까? 채광은 인공조명으로 대신할 수 있다. 오히려 분위기 조명을 하거나 상품에 그림자가 생기지 않도록 조명을 연출함으로써 고객이 상품에 집중하게 하여 구매욕을 높이고 결국 지갑을 열게 한다.

다음으로 환기 문제는 '공기조화설비'로 해결한다. 이것은 '공조설비'라고도 하는데, 기계를 동원해 강제로 환기하는 것이다. 조명 때문에 더워지고 사람들의 호흡으로 탁해진 실내공기를 기계로 배출하면서 신선하고 시원한 외부 공기를 불어넣는 방식이다. 자연환기보다 비용이 많이 들지만, 매출이 느는 게 백화점에게는 훨씬 유익하므로 이 정도는 기꺼이 감수하

백화점의 외관은 심플하게 디자인하고 고급스러운 마감재를 사용해 주변의 다른 건물들과 차별화한다.

서울 인사동의 쌈지길
건물 외부가 아닌 중정과 통로에서 소통이 이루어진다. 많은 사람이 이용하지만 답답하지 않고 개방감을 주기에 언제나 활력이 넘친다.

는 것이다. 백화점 앞을 지날 일이 있으면 유심히 살펴보라. 창이 없는 전면의 벽은 백화점의 광고판으로 활용되고, 창이 없어서 오히려 주변의 다른 건물과도 차별화되어 보인다. 일부 백화점에는 창이 있지만 대부분 창의 기능을 하지 않는 무늬만 창이다. 물론 식당이나 카페가 있는 층에는 창이 있어 밖을 볼 수 있다.

어찌됐든 쇼핑은 즐거운 일이다. 운동 삼아 몸을 움직이며 눈을 즐겁게 하고, 스트레스를 날려버려 기쁨이 차오른다면 그 또한 행복한 일이지 않은가? 창밖의 풍경을 차단하여 소비자가 오로지 쇼핑에 집중해 지갑을 열도록 애쓰는 백화점과 충동구매의 유혹을 이기고 알뜰하게 쇼핑하려는 소비자. 지금 이 순간에도 이 둘 사이에는 팽팽한 줄다리기가 벌어지고 있다.

백화점 화장실에는 왜 출입문이 없을까?

　　　　　　　　　　백화점을 비롯한 대형 상가나 사무용 건물의 화장실을 보면 입구에 열고 닫는 출입문이 없다. 물론 내부의 칸막이 문은 따로따로 설치되어 있지만, 화장실 입구에는 대개 문이 없다. 왜 그럴까? 화장실은 기본적으로 두 가지 문제를 안고 있다. 첫째는 프라이버시이며 둘째는 위생과 청결이다. 과거에는 화장실을 별도로 구획한 뒤 입구에 출입문을 둠으로써 이러한 문제를 한꺼번에 해결했다. 하지만 기술이 날로 발전하면서 화장실에도 큰 변화가 나타났다. 많은 사람이 출입하고 이용하는 백화점이나 쇼핑센터에서 화장실을 이용할 때, 출입구에 문이 있다면 어떤 일이 생길까? 기분 좋게 쇼핑한 후 손에 물건을 들고 화장실을 이용할 때 출입문을 여느라 불편할 것이다. 그뿐만 아니라 이 사람 저 사람이 만져 젖어버린 손잡이 때문에 축축함을 느껴 불쾌할 수도 있다. 그래서 손으로 손잡이를 살짝 돌려 문을 연 뒤 발로 문을 밀며 들어가기도 한다. 이런 불편을 없애려고 많은 사람이 이용하는 '다중이용시설'에서는 대부분 화장실 입구에 문을 설치하지 않게 되었다. 그렇다면 프라이버시와 위생·청결 문제는 어떻게 해결했을까?

백화점 화장실 입구
기술의 발달은 건축에 영향을 많이 미친다. 화장실의 출입문을 없앨 수 있는 것도 기계설비의 도움을 직접 받기 때문이다.

영화관 화장실 입구
동선이 꺾여 있어서 내부가 보이지 않으며 출입문이 따로 없다.

화장실은 일반적으로 남자용, 여자용을 따로 두는데 각각의 화장실 내부가 바깥에서 들여다보이면 곤란하다. 이 문제를 해결하기 위해 남녀 출입구를 각각 분리하고 입구 쪽에 한 번 꺾어지는 공간을 두거나 벽을 세워 시선을 차단한다. 화장실 내부 역시 시선을 차단하기 위해 변기나 칸막이 등을 효과적으로 배치한다. 그 결과 많은 사람이 다니는 번잡한 출입동선에 방해되는 문을 없앨 수 있었다. 이것은 부수적인 효과를 거두었는데,

문을 열고 닫을 때 나는 쿵쿵거리는 소음을 완전히 없앤 것이다. 백화점에서 화장실 출입문 여닫는 소리가 계속 들린다면 아무래도 쇼핑에 방해되지 않을까?

고객이 쾌적하게 이용할 수 있게 하려고 화장실 출입구에 문을 달지 않았다.

하지만 그렇게 할 수 있는데도 우리 주변에는 화장실 출입구에 문이 설치된 건물이 많다. 왜 그럴까? 만약 그 화장실에서 출입문을 없앤다면 내부가 훤히 다 들여다보일 것이다. 그것은 화장실 입구에 시선을 차단하며 꺾어지는 공간을 만들지 못했다는 말이 된다. 즉 건물 규모가 작으면 공용공간이 좁아 꼭 필요한 공간 외에는 만들지 못한 것이다. 또 다른 경우로는 임대건물에서 임대공간이 많이 나올 수 있도록 전용면적을 최대한 확보하다 보니 공용부분이 좁아져 화장실 입구에 문을 만들 수밖에 없을 수도 있다.

건축, 생활 속에 스며들다

이로써 프라이버시 문제는 해결했다고 치자. 악취는 어떻게 해결할까? 문이 없으면 기능이 좋아지고 소음도 없어지지만, 화장실 냄새가 백화점이나 쇼핑센터 내부로 들어온다면 정말 큰 문제가 아닐 수 없다. 이러한 문제가 생기지 않도록 기계 설비를 활용하는 것이 중요하다. 이 장치를 이용하여 강제로 환기하면 된다.

강제 환기방식에는 세 가지가 있다. 첫째는 '1종 환기방식'이다. 이것은 '강제 급기, 강제 배기'하는 방법으로 지하주차장처럼 규모가 크면서 오염된 공기가 많이 생기는 곳에서 주로 사용한다. 한쪽에서는 신선한 공기를 불어넣어주고 반대편에서는 오염된 공기를 강제로 배출하는 방식이다. 둘째는 '2종 환기방식'으로 '강제 급기, 자연 배기' 방식이다. 어떤 실에 송풍기를 이용해 강제로 공기를 불어넣으면 실내 공기의 압력이 높아지면서 공기가 창이나 문 또는 배기구 등 열려 있거나 틈이 있는 곳을 통해 자연스럽게 밖으로 배출된다. 이 방법은 병원 수술실이나 반도체 공장의 청정

백화점 내 휴식 공간
사람들은 여기서 잠시 쉬고 힘내서 다시 쇼핑을 할 것이다.

지하철 내 화장실
입구를 전시장처럼 끄며놓아 사용하는 이들을 즐겁게 한다.

실처럼 늘 청결을 유지해야 하는 곳에서 주로 사용한다. 깨끗한 공기를 실내에 불어넣으면 실내가 청정공기로 가득 차서 공기압이 높은 실내로 외부의 나쁜 공기가 들어오지 못하는 원리를 이용한 것이다.

셋째는 '3종 환기방식'이다. 실생활에서 가장 많이 쓰는 방법으로 '강제 배기, 자연 급기'하는 것이다. 팬(Fan)을 사용해 강제로 어떤 실의 공기를 밖으로 배출한다면 그 실의 공기압은 대기압보다 낮아진다. 대기압보다 공기압이 낮으니 자연스럽게 틈이나 개구부를 통해 바깥 공기가 안으로 들어오게 된다. 다시 말해 냄새나는 나쁜 공기를 강제로 밖으로 배출하면 주변에 있던 깨끗한 공기가 그곳으로 이동해온다. 백화점 화장실은 대부분 천정*에 붙어 있는 배기 팬을 통해 냄새나고 오염된 공기를 강제로 밖으로 배출한다. 그러면 매장 쪽 공기가 저절로 화장실로 들어가면서 화장실 냄새가 매장 쪽으로 빠져 나오지 않게 되는 원리를 이용해 환기가 이루어진다.

이러한 3종 환기방식은 우리 생활에서도 쉽게 볼 수 있다. 주방에서 냄새가 많이 나는 음식을 조리하다 보면 온 집안이 음식 냄새로 가득 차게 된다. 자칫하면 안방 침구에 고등어 냄새가 배는 불상사가 일어난다. 이를 방지하기 위해서는 가스레인지 위에 후드를 설치한다. 스위치를 켜면 '윙' 소리를 내며 후드 팬이 돌아가는데, 이것이 바로 3종 환기방식이다. 3종 환기방식은 좁은 곳이나 공간의 일부만을 환기할 때도 상당히 효과적이다. 하지만 이것이 오히려 외부환경을 열악하게 만드는 요인이 되기도 한다.

---

* P.250 '천정과 천장' 설명 참조.

식당 근처를 지나갈 때면 주방의 창에서 나오는 냄새 때문에 인상을 찌푸리게 된다. 이것이 생활 속에서 어느 정도 허용되기에 큰 문제는 없지만, 한계를 넘어선다면 정화장치로 거른 다음 배출해야 한다. 이렇듯 기술이 발달할수록 생활은 편리해지고 위생적인 면은 분명히 좋아지지만, 그에 따라 지급해야 할 사회적 비용이 점점 많아지고 있다. 결국 사람 편리하자고 자연을 불편하게 하는 것은 아닌지, 현명한 판단과 책임있는 행동이 필요한 때가 아닌가 싶다.

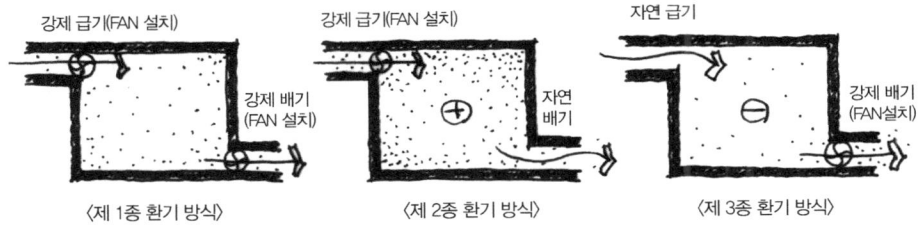

실생활에 가장 많이 응용되는 방식은 3종 환기 방식이다.

은행 천정*이
높은
이유?

푹푹 찌는 여름철에 은행을 피서지로 이용해본 경험이 있는가? 가정용 에어컨이 흔치 않았던 시절, 에어컨이 빵빵하게 나오던 은행은 서민들이 즐겨 찾는 피서지였다. 필자도 어릴 적 은행에 볼일이 있는 것도 아닌데 잠시 들어가서 땀을 식힌 추억이 있다. 하지만 가정마다 에어컨을 두고 있는 요즘에는 더위를 식히려고 일부러 은행을 찾는 이는 거의 없을 것이다. 경제가 성장함에 따라 많이 달라진 은행 풍경을 추억하니 그때가 그립기도 하다. 다행인 것은 친절을 베푸는 은행 직원들의 모습은 예나 지금이나 달라지지 않았다는 사실이다.

은행은 다른 공간과 달리 천정*이 상당히 높다. 왜 그럴까? 그 이유는 여

---
* P.250 '천정과 천장' 설명 참조.

러 가지다. 우선 돈을 거래하는 곳이므로 고급스러운 분위기를 풍겨야 한다. 또한 사람들이 많이 모이는 곳이기에 실내에 필요한 산소량도 일반 공간보다는 더 많아야 한다. 하지만 이런 것보다 더 중요한 이유가 있다. 은행의 중요한 업무는 다른 사람의 돈을 맡거나 빌려주는 것이다. 따라서 항상 도난사고의 위험이 도사리고 있다. 이를 예방하기 위해 천정*을 높이고 감시카메라를 설치한다. 조금 높은 곳에서 바라보면 아래쪽이 잘 보인다. 교단에 선 교사가 딴짓하는 학생들을 잘 찾아내는 것도 바로 이러한 이유에서다.

은행에 가면 감시카메라를 잘 살펴보라. 이전보다 그 수가 훨씬 늘어 은행 안에서 감시카메라의 눈을 피할 수 있는 곳이 없다고 보면 된다. 고객 중에 누구라도 낌새가 이상하다 싶으면 바로 감시카메라를 확인하면 되기에 섣불리 강도 행각을 하기가 어렵고, 사고가 나더라도 감시카메라에 찍힌 얼굴을 바탕으로 즉시 수사할 수 있다. 물론 사고가 일어나기 전에 예방할 수 있다면 금상첨화겠지만 말이다.

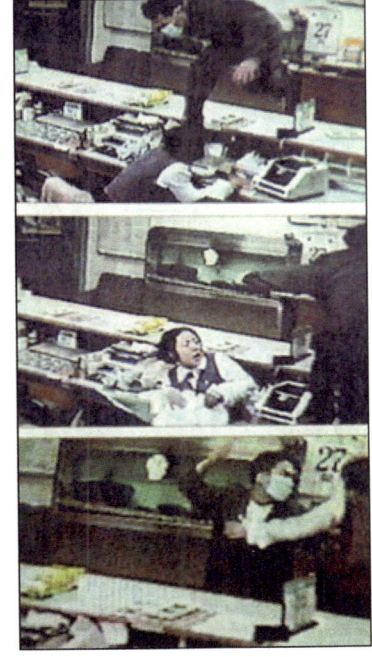

1998년 2월 27일 오후 3시에 상도 1동 새마을 금고에 설치된 CCTV에 찍힌 모습

몇 년 전 새마을금고에 괴한이 침입해서 돈을 강탈하려고 한 적이 있다. 그때 새마을금고의 여직원이 칼을 든 괴한과 맞서서 맨손으로 용감하게 싸우는 장면이 텔레비전으로 방송되었다. 보기만 해도 정말 아찔했다. 마음 약한(?) 괴한은 여직원과 격투 중 칼로 내려칠 때 칼날이 아니라 손잡이로 치는 등 서투른 모습을 보였다. 결국 괴한은 출동한 경찰에게 잡혔다. 다행히 여직원은 다치지 않았고 후에 '용감한 시민상'까지 받았다. 그러한 장면을 볼 수 있는 것은 감시카메라 덕분이다. 그러나 그 일이 그만하기에 다행이지 인명피해가 있었다면 얼마나 끔찍했겠는가?

하늘이 우리에게 준 생명은 무엇과도 비교할 수 없다. 살신성인의 정신

W 저축은행의 고객 대기 공간
높은 천정*이 주는 쾌적함과 더불어 깔끔하게 디자인된 공간이 돋보인다.
공간디자인: 구만재, ⓒ박완순

으로 나라와 민족을 구하려고 결단해야 할 때도 있겠지만, 생명의 고귀함을 결코 잊어서는 안 된다. 자신이 가족과 주변 사람들에게 소중한 존재라는 점을 아는 것도 행복하게 살 수 있는 중요한 요인이다. 은행은 돈을 거래하는 곳이어서 분위기가 경직돼있는 편이다. 고급스럽고 안락한 의자를 비치하는 등 고객을 위한 대기 공간이 쾌적하게 조성되었지만 이를 사용하는 고객의 마음이 마냥 편하지만은 않을 것이다. 왜일까? 바로 쉼 없이 돌아가는 감시카메라 때문이다. 하지만 이런 첨단장비의 도움으로 선량한 고객들과 직원들은 안심하고 일할 수 있다.

사람의 눈을 대신해서 감시해줄 첨단장비가 늘어나면서 은행에도 점차 문화가 스며드는 것 같다. 최근에는 전통적인 은행 분위기 대신 깔끔한 카페 분위기를 풍기며 고객을 맞이하는 은행도 생겨났다. 은행의 천정*이 높은 것은 본연의 목적이 있어서다. 이 공간을 활용해 고객이 차 한 잔의 여유를 즐길 수 있는 장소로 만든다면 친근하고 친절한 이미지를 구축하는 데 큰 도움이 되지 않을까 싶다.

---

* P.250 '천정과 천장' 설명 참조.

음악당 천정*은 왜 구불구불할까?

"이상하다. 잘 안 들리네."

음악이 연주되는 공간은 일반 건축공간과는 상당히 다른 모양을 하고 있다. 높은 천정*과 벽은 멋있고 특이하게 보이지만 그렇게 만든 데는 이유가 있다. 음악당, 콘서트홀, 오페라 하우스 같은 건축물은 모두 '음향', 즉 소리와 관련되었으며 특별히 라이브 연주가 가능한 공간이다. 이 공간을 설계하려면 몇 가지 까다로운 요구 조건을 갖춰야 한다. 그중에서도 가장 중요한 것은 연주자들이 연주하는 음악이 청중이나 관객에게 잘 전달되어야 한다는 것이다. 그래서 이런 공간의 천정*이나 벽 모양은 '소리의 전달'과 밀접한 관련이 있다.

---

* P.250 '천정과 천장' 설명 참조.

사람의 뇌는 강의를 들을 때와 음악을 들을 때 반응하는 것이 약간 다르다. 강의를 들을 때는 의사가 명료하게 전달되어야 하는데 소리의 '잔향' 시간이 짧을 때 전달 효과가 높다. 반면에 음악은 잔향이 어느 정도 있어야 듣기에 좋고 풍성함을 느낄 수 있으므로 조금이나마 잔향이 생길 수 있는 시간이 필요하다. 무대에서 가수가 부른 노래나 악기 연주 소리를 '음원'이라고 한다. 이 음원이 앉아 있는 청중에게 '직접' 전달되는 음을 '직접 전달음'이라 하고, 천정*이나 벽에 '부딪힌 후' 들리는 음을 '1차 반사음'이라 한다. 음악당은 기본적으로 무대에서 연주하는 사람의 음원이 음악당 전체로 골고루 퍼져 나가도록 설계되어야 한다. 그리고 무대주변이나 무대와 가까운 측면 벽과 천정*은 소리가 잘 반사되어 멀리 뒷자리까지 퍼져 나갈 수 있는 재료나 형태로 구성되어야 한다. 관객석 앞쪽의 벽이나 무대의 측면 벽에 올록볼록 이상야릇한 보조물이 있는데 이것이 바로 음향을 멀리 퍼뜨리기 위한 반사판들이다.

이와 반대로 관객석 뒤편까지 전달된 음은 다시 앞으로 반사되어 나올 필요가 없다. 오히려 반사되면 소리의 잔향 시간이 너무 길어져 자칫 음이 지저분해질 수 있다. 따라서 객석 뒤편 벽면은 완전히 흡음되는 재료로 마감해야 한다. 특히 2층에 관객석이 있는 경우 발코니 하부의 천정*과 1층 바닥 사이가 평행이 되지 않도록 설계해야 한다. 만약 평행이 된다면 '플러터 에코(Flutter Echo)'가 생길 수 있으니 주의해야 한다. '플러터 에코'는 벽과 벽 사이에서 생긴 울림이 사라지지 않고 반복되는 것이다. 이런 현상을 예방하려면 2층 발코니 하부의 천정*을 약간 경사지게 설계하여 난반사를 유도하고, 1층 바닥에는 카펫을 깔아 흡음이 되도록 해야 한다.

건축, 생활 속에 스며들다

콘서트홀에는 소리가 구석구석까지 잘 퍼지도록 벽과 천정에 음향 반사판이 설치되어 있다.
ⓒ예술의 전당

천정* 면의 재료는 주로 반사재로 이루어져 있는데, 이 역시 일반 건축물의 천정*이 흡음재로 되어 있는 것과 다르다. 형태면에서는 소리가 효과적으로 반사되도록 아래쪽으로 볼록한 형태로 구성되어 있다. 그래야 볼록한 면에 부딪힌 소리가 넓게 확산할 수 있기 때문이다. 반대로 오목해져 있다면 오히려 이 면에 부딪힌 소리는 오목한 면의 중심점 부근에서 소리가 집중되므로 한 지점에서는 아주 잘 들린다. 반면에 다른 곳에서는 잘 들리지 않으므로 음향 관련 시설에서는 사용하지 않는다.

아래로 볼록한 천정* 형태에도 앞쪽과 뒤쪽의 경사진 각도가 다른데, 무대 앞쪽에 있는 천정*의 볼록한 각도는 뒤쪽까지 음을 반사해야 하므로 45° 정도로 아주 크지만, 뒤로 갈수록 각은 차츰 완만해지고 맨 뒤쪽 천정*은 아예 아래쪽으로 반사되도록 설치하는 것이 바람직하다. 하지만 천정* 디자인을 이렇게 하면 공사비가 상당히 늘어나므로 대개 적절한 선에서 해결한다.

음악당 공간은 크면 클수록 좋을까? 정답은 'NO'다. 눈으로 직접 보며 즐길 수 있는 '생리적 한계'는 무대 중앙에서 15m 이내다. 그것을 넘어서는 '1차 한계'는 22m고, 최대 거리인 '2차 한계'는 35m다. 이것을 넘어서면 잘 보이지도, 들리지도 않아서 그보다 큰 음악당은 거의 짓지 않는다. 더 큰 공간을 확보하려고 체육관이나 야외경기장을 활용하는 사례도 있다. 2001년에 지금은 타계한 루치아노 파바로티를 비롯해 플라시도 도밍고, 호세 카레라스 등 세계적으로 유명한 테너 3인방이 우리나라에 왔다. 주

---
* P.250 '천정과 천장' 설명 참조.

최 측에서는 관객을 많이 유치하기 위해 음악당이 아닌 잠실올림픽 주 경기장으로 공연장을 잡았다. 큰 규모의 성대한 행사를 치뤘지만, 내부가 오목하게 되어 있는 경기장의 특성상 음이 회절하면서 울림이 많고 잔향시간이 길어져 음악적 성과는 기대에 미치지 못했다.

천정*도 상황은 비슷하다. 높기만 하다고 좋은 것이 아니라 적절한 높이가 필요하다. 음악당은 잔향에 필요한 적절한 규모를 예측할 수 있다. 잔향은 '직접 전달음'과 '1차 반사음'의 시간 차이로 계산할 수 있다. 주로 채택하는 잔향 시간은 20분의 1초인데, 음속이 초당 340m이므로 이를 거리로 계산하면 20분의 1초는 17m다. 즉, '직접 전달음'과 '1차 반사음'의 거리

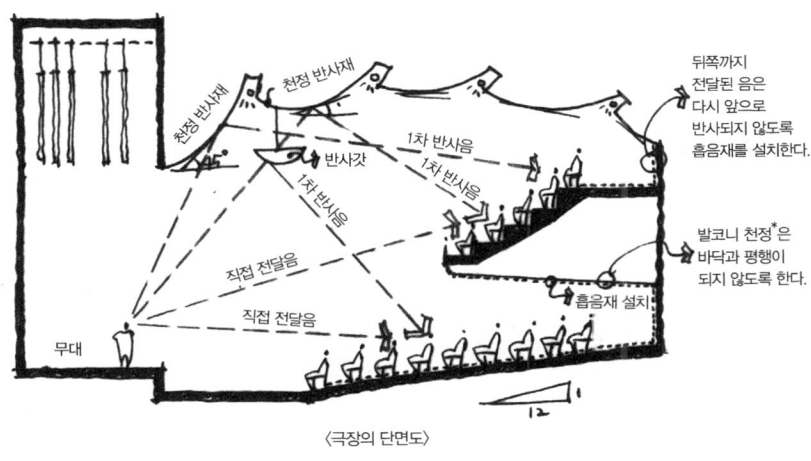

〈극장의 단면도〉

천정* 반사판은 음향을 확산하기 위해서 볼록하게 만들며 무대 가까운 쪽은 경사각이 크지만 뒤로 갈수록 각도가 완만해지다가 맨 뒤쪽은 아예 반대가 되기도 한다.

차가 17m 이내가 되어야 한다. 예를 들어 관객석의 중간쯤에 앉아 있는 사람에게 음원에서부터 직접 전달되는 거리와 음원에서부터 천정*에 부딪혀서 전달되는 거리의 차가 17m 이내가 되어야 한다는 말이다.

따라서 천정* 높이도 적절한 한계가 정해지게 마련이다. 만약 세종문화회관이나 예술의 전당 콘서트홀처럼 관객석의 발코니를 3층까지 만든 대공간이라면 천정*이 아주 높아야 한다. 그러면 그 공간의 크기 때문에 잔향 시간 20분의 1초인 17m 이내로 맞추기 어렵게 된다. 그럴 때는 관객석 앞쪽 천정*에 우산을 거꾸로 매달아 놓은 듯한 형태의 반사판을 설치해 1차 반사음의 거리를 줄여 잔향 시간을 조절하기도 한다. 벽체도 같은 원리로 이해하면 된다.

이렇듯 천정*과 벽의 형태는 중요한 음향적 특징을 나타내는데, 이런 기본 원리 없이 모양만 내려고 구불구불하게 해놓았거나 아예 천정 면을 오

국립박물관 강연장
벽면에는 음향 조절 장치가 설치되어 있다.

대한건축사협회 연회장
흡음을 위해 바닥을 카펫으로 마감했다.

---

* P.250 '천정과 천장' 설명 참조.

목하게 만들어 놓은 것을 보면 안타까운 마음이 든다. 한편, 영화관은 사람 음성이나 악기 소리를 직접 듣는 곳이 아니라 기술적 장치인 스피커를 곳곳에 설치했기 때문에 음이 잘 안 들리는 곳이 거의 없다. 오히려 소리가 너무 커서 놀라기도 하는데, 적절한 흡음재로 천정*과 벽체를 마감하기 때문에 음향설비와 건축 마감재 사용 면에서 음악당과는 상당한 차이가 있다.

종교시설인 교회도 요즘은 그 지역 커뮤니티 시설로써 역할을 강조하기 때문에 음향에 신경을 많이 쓴다. 따라서 신축되는 교회의 평면 형태도 사각의 박스형보다는 설교단과 무대를 중심으로 부채꼴 형태로 변해가고 있다. 교인들도 이런 변화를 선호하는 것으로 보아 이것이 문화지향적인 사회 변화와도 관련이 있다고 생각한다. 주변에 음향 관련 시설이 있다면 천정*을 올려다보라. 형태와 재료에 따라 음향과 관객을 얼마나 배려한 공간인지 느낄 수 있을 것이다.

교회 예배당
평면이 부채꼴로 계획되어서 강단에 대한 집중도가 높다. 반면 구조적인 요인으로 채택한 격자형 콘크리트 천장(이 경우는 천정이 아님)은 음향에 큰 도움이 되지 못한다. ⓒ박정현

주부의
작업
삼각형

시대가 갈수록 남성 중심의 사회구조가 여러 분야에서 여성 중심으로 바뀌는 것을 보게 된다. 유럽이나 미국 등 선진국에서는 우리보다 훨씬 오래전부터 여성이 사회활동에 참여했으며, 오히려 남성보다 더 적극적이다. 인터넷을 비롯한 정보문화의 강국인 우리나라에서 세계의 흐름을 빠르게 받아들이며 변모해가는 것은 어쩌면 자연스러운 일이다. 예전에는 주부들이 여러 사회현상에 직접 참여할 기회가 적었지만, 최근에는 최첨단 매체를 활용하면서 정치를 비롯한 사회 전반의 현상에 직간접적으로 의사표현을 하며 분야를 가리지 않고 적극적으로 활동하고 있다. 역사 이래로 최초의 여성대통령까지 탄생했으니 대단한 변화임은 분명하다.

가정에서는 어떤가? 가장인 아버지들이 아침 일찍 출근하여 밤늦게 귀가하는 탓에 집안의 온갖 대소사를 챙기는 것은 온전히 주부의 몫이 되었다. 집을 장만하기 위해 아파트 청약을 하러 분주하게 뛰어다니거나, 모델하우스를 돌아보면서 요모조모 따지고 꼼꼼히 챙기는 이들도 모두 주부다. 건설 회사도 깐깐한 주부들의 주장에는 꼼짝 못하는 세상이 되었다. 사정이 이렇다 보니 주택을 공급하는 회사가 아예 적극적으로 주부들의 의견을 수렴하거나 아이디어를 공모하기도 한다. 주택을 팔기 위해서는 남자보다 주부들의 마음을 사야 한다는 것을 잘 알기 때문이다. 그래서 인테리어에 비용과 시간을 많이 들이며, 주부들의 정서에 맞도록 감각적이고 감성적인 부분에 상당히 비중을 둔다.

최근 아파트는 이러한 전략으로 고객의 마음을 사며, 호텔 수준의 고급 인테리어를 갖춘 아파트도 심심찮게 볼 수 있게 되었다. 그중에서도 주방은 주부들이 결코 대충 넘어가지 않는 중요 공간이다. 주부들은 싱크대라 불리는 주방가구의 크기며 길이, 색상, 재료, 기능성 등 이것저것을 아주 꼼꼼하게 따진다. 심지어 수도 꼭지의 위치와 세척 후 물이 흘러 내려가는 배수구 위치까지 놓치지 않고

아일랜드형 주방가구가 설치되어 있고 그 뒤로 식탁이 놓여 있다. 활동성이 좋고 쾌적한 반면 동선이 길게 느껴질 수 있다. ⓒ석정민

살핀다. 몇몇 업체는 아파트를 공급하면서 주부들의 이러한 선호도를 세심히 고려한 결과 분양에 성공하기도 했다.

한편 주부들이 주방에 대해 신경 쓰면서도 놓치기 쉬운 부분이 있다. 바로 '작업 삼각형'이다. '작업 삼각형'은 음식을 조리할 때 움직이는 과정을 도식화한 것이다. 일단 '냉장고'에서 조리할 식품을 꺼내 '준비대'에 놓는다. 그리고 움푹 들어간 '개수대'에서 씻어낸 다음 바로 옆 '조리대'라 불리는 평평한 곳에서 음식을 준비한다. 그다음 끓일 것은 '가열대(가스레인지)'에서 요리한다. 완성된 요리를 식탁으로 운반하면 가족은 주부의 사랑이 듬뿍 담긴 음식을 먹게 된다. 이때 주요 이동 경로인 '냉장고, 준비대, 개수대, 조리대, 가열대' 중 '냉장고, 개수대, 가열대' 순으로 이동하는 동선을 연결한 가상의 선을 '주부의 작업 삼각형'이라고 한다. 이것은 냉장고, 개수대, 가열대를 직접 연결한 거리가 아니라 실제로 이것들을 이용하기 위해 걸어 다니는 거리를 말한다. 이 거리가 너무 짧으면 좁아서 불편하고, 너무 길면 운동량이 많아지므로 힘이 든다. 주부는 온종일 주방에서 일하며 상당한 거리를 걷는다. 따라서 작업 삼각형의 동선 길이만 효율적으로 만들어도 주부의 피로도를 훨씬 줄일 수 있다. 학자들이 말하는 적당한 '주부의 작업 삼각형'의 거리는 3.6~6.6m다. 1996년쯤 주방 가구에 대해 시장조사를 할 기회가 있었다. 당시 6,000만 원이 넘는 이탈리아산 주방 가구가 있어서 깜짝 놀랐다. IMF 경제위기가 시작되기 전이었으니 지금은 또 얼마나 비싼 가구들이 나와 있을지 궁금하다. 좋은 가구를 사용하면 만족도도 클 것이다. 하지만 비싸다고 반드시 좋은 것은 아니기에 디자인과 기능이 적절한 주방 가구를 사용하는 지혜가 필요하다.

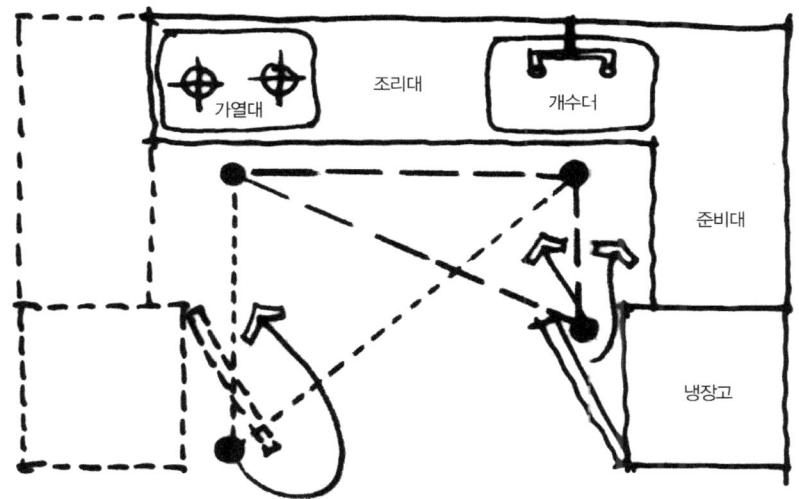

주부의 작업 삼각형
냉장고, 개수대, 가열대를 이용하는 동선을 연결한 가상의 삼각형이다.
냉장고의 위치에 따라 동선의 길이가 달라지는 것을 알 수 있다.
그림처럼 냉장고가 주방가구의 오른쪽에 있는 것이 유리하다.

　　아무튼, 작업 삼각형에는 재미있는 에피소드가 있다. 냉장고를 기준으로 볼 때 개수대가 어느 쪽에 있어야 할까? 오른쪽일까? 왼쪽일까? 일반적으로는 왼쪽에 있다. 냉장고 문을 열 때 오른쪽이 고정되고 왼쪽이 열리기 때문에 음식을 꺼낸 뒤 열려 있는 왼편으로 이동하기가 쉽기 때문이다. 그럼 왜 냉장고 문은 왼쪽이 열리게 되어 있을까? 우리나라를 비롯해 전 세계적으로 오른손잡이가 왼손잡이보다 많기 때문이다. 요즘 냉장고는 문에도 포켓이 많이 달려서 음료수 등 식품을 많이 수납할 수 있다. 그러면 자연스럽게 문이 더 무거워져 왼손보다는 힘이 더 센 오른손으로 문을 열게 된다. 아무 생각 없이 냉장고를 열려고 가볍게 문을 당겼는데 문이 너무 무거워 열리지 않아 당황스러웠던 적이 있지 않은가? 그럴 정도로 최근 들어 냉장고가 커지고 있다. 냉장고 문은 오른쪽이 고정되어 있고 왼쪽이 열리는 구조다 보니, 오른손으로 냉장고 문을 열어젖힌다면 몸을 이동하지 않고 제자리에서 냉장고 안에 있는 음식을 꺼낼 수 있다. 반대로 냉장고 문을 왼손으로 연다면 문을 열고서 다시 왼쪽으로 몸을 크게 이동시켜야 한다.

이것이 불편해서 사람들은 대부분 오른손으로 문을 열게 된다. 그 상태에서 개수대가 왼쪽에 있으면 이동방향이 왼쪽, 즉 반시계방향이 되고 이것이 자연스럽다. 이와 반대로 냉장고가 개수대의 왼편에 있다면 냉장고 문을 닫을 때 옆으로 비키는 것이 아니라 뒤로 크게 비켜 돌면서 이동하게 된다. 티끌 모아 태산이라고 작은 동작이 모이고 또 모인다면 그로 말미암은 주부의 노동량은 많이 늘어날 것이다. 요즘은 양쪽으로 문을 여는 초대형 냉장고가 주부들에게 인기가 있지만, 이것 역시 왼쪽에는 상대적으로 사용 빈도가 낮은 냉동실이 있고, 오른쪽에는 냉장실이 있다. 따라서 사용 빈도가 높은 냉장실의 문은 기존 냉장고와 같이 오른손으로 열게 된다. 오래전 한 전자회사에서 문의 왼쪽이 고정되고 오른쪽이 열리는 왼손 냉장고를 생산한 적이 있다. 이 제품은 오른쪽으로 진행하는 동선에는 도움이 되었으나 매번 힘이 약한 왼손으로 무거운 문을 열어야 하는 불편함 때문에 소비자들에게 외면당하고 말았다.

아파트라 해서 이러한 주부의 작업 삼각형 동선을 모두 고려하는 것은 아니다. 계단실을 중심으로 2세대가 양쪽으로 있는 경우, 계단실을 중심으로 평면을 뒤집기 때문에 어느 한 쪽은 경로가 반대방향으로 나올 수밖에 없다. 주택을 선택하는 기준이 여럿 있겠지만, 주브의 건강과 밀접한 관련이 있는 주방 동선도 무시할 수 없다. 이러한 내용을 잘 알고 있다면 평면이 적절하게 배치된 주택이나 아파트를 고를 수 있다. 우리나라 주부들은 대부분 오른손잡이지만 왼손을 주로 사용하는 주부들에게는 물론 반대로 적용될 것이다.

주부의 하루 노동량을 거리로 환산하면 몇 킬로미터나 된다는 통계를 본 적이 있다. 그 거리를 조금만 줄여도 주부들이 느끼는 피로감은 상당히 줄어든다. 건강주택은 멀리 있는 것이 아니다. 이렇게 사소한 부분이라도 조금만 더 생각하고 배려한다면 만들 수 있다. 사실 이런 고민은 건축주가 하기 전에 건축가가 먼저 하면 더 좋을 것이다. 주택은 말할 필요도 없지만, 아파트라도 계단실을 중심으로 무조건 반대로 설계할 것이 아니라 주방은 냉장고가 주방가구의 오른편에 있도록 설계하는 것이 좋다. 문화시대에 사는 현명한 주부들은 생활공간의 권리를 주장할 필요가 있지 않을까 싶다.

주차장 출입구는 어디에?

"어? 지나쳐버렸네~"

요즘은 운전하면서 어느 곳이든 내비게이션 시스템의 도움으로 어렵지 않게 찾아갈 수 있다. 내비게이션은 길치에게는 참 고마운 도구다. 처음 방문하는 건물을 찾아갈 때면 바짝 신경 쓰면서 두리번거리는데, '여기다.' 싶어서 차를 오른쪽으로 붙여 주차장에 진입하면 그때야 비로소 마음이 놓인다. 이렇듯 쉽게 운전을 마치면 좋겠지만, 목적지 가까이 와서 주차장 입구를 찾느라 두리번거린 경험이 있을 것이다. 원하는 건물까지 오기는 했지만 주차장 입구를 지나쳐버린 적도 많았는데, 이때 차가 뜸하면 얼른 후진하기도 하지만 그럴 수 없는 큰 도로에서는 한 블록을 크게 다시 돌거나 유턴을 두 번 해야 한다.

필자가 설계한 증산정보도서관
현대적 재료인 유리와 노출콘크리트 그리고 알루미늄 복합패널이 적절하게 면 분할되어 있다.
대지 안에 여유 공지가 없을 때는 필로티를 만들어 주차장으로 이용하기도 하며
건축물의 왼쪽에 주차장을 배치하여 이용의 효율성을 높였다.

    차선을 바꾸기 어려운 도심의 복잡한 곳에서는 무척 당황스러운 일이다. 이런 일이 벌어지는 것은 어디로 들어가야 할지 예측하지 못했기 때문이다. 건물이 있는 대지가 도로에 2면 이상 접해 있다면 대개 작은 도로에 주차장 진출입구가 있다. 하지만 대지에 도로가 한쪽만 접해 있을 때는 어쩔 수 없이 큰 도로에서 진출입을 함께해야 한다. 이때 건물을 바라보는 방향에서 건물 오른쪽에 주차입구가 있으면 위와 같은 상황이 자주 발생한다. 건물이 어디 있는지 인식한 뒤 주차장으로 진입하려면 건물을 바라볼 때 주차입구가 건물 왼쪽에 있어야 여러모로 편리하다.

일정한 속도로 달리다가 주차하려면 차선을 바꾸며 속도를 줄여야 한다. 그러면 자연스럽게 뒤차 흐름에 영향을 주게 된다. 차량 흐름에 방해가 된다는 말인데, 차량 통행이 잦지 않은 좁은 도로에서는 크게 문제 될 것이 없지만 큰 도로에서는 상황이 다르다. 그래서 일정 규모 이상 큰 도로에서는 도로에 면한 대지 일부를 할애해 속도를 줄일 수 있는 감속차선을 만들기도 한다. 감속차선으로 들어와 속도를 줄여도 이미 주도로의 차선에서 벗어났기 때문에 차량 흐름에 영향을 주지 않는다. 그러면 자연스럽게 오른쪽에 있는 건물을 보면서 건물 왼쪽에 있는 주차 진입구로 들어갈 수 있다. 대지가 넓어서 굳이 끝까지 가지 않을 때도 있겠지만, 일반적으로는 주차계획을 할 때 고려해야 하는 부분이다.

건물에서 볼일을 마치고 출발할 때도 자동차 흐름에 영향을 덜 주려면 고속도로처럼 속도를 충분히 낸 뒤 본 차선으로 진입할 수 있도록 하는 가속차선이 필요하다. 하지만 도심지 땅값이 비싼 곳에서는 그렇게 할 수 없으니 도로에 진입하기 전에 주위를 미리 살펴서 주행에 방해가 안 되는 시점에 출발하면 된다. 어느 정도 규모가 있는 건물은 주차장 입구와 출구를 분리해 진입할 때는 바라보는 방향에서 건물 왼쪽으로 들어가고, 나갈 때는 건물 오른편으로 나가게 하면 좋다. 그러면 진입할 때 사용했던 감속차선을 반대개념인 가속차선으로 이용해 차량 흐름에 영향을 덜 주고 큰 도로에 합류할 수 있다. 많은 사람이 이용하는 공공시설이나 판매시설 등 다중이용시설에서는 대부분 이러한 방법으로 주차 진출입을 한다. 그렇게 하면 주변 교통에 크게 혼란을 주지 않고 원활하게 이용할 수 있다.

대지 여건상 건물 오른쪽으로 진입할 수밖에 없을 때도 있겠지만, 개인 건물이 아니라 공공을 위한 건물이라면 깊이 생각허볼 문제다. 이용하는 이들이 즐겁고 편리해야 하는데 건물을 방문하는 사람마다 주차문제로 불편해하거나 짜증을 낸다면 이미지에 손상을 줄 것이 뻔하다. 백화점이나 대학병원 등 주차장 규모가 큰 건물은 이용하는 이들의 편의를 위해 비어 있는 곳을 알려주는 설비를 하기도 한다. 센서를 이용한 조명을 설치해 주차되어 있으면 빨간색 램프가 켜지고, 비어 있으면 초록색 램프가 켜져서 멀리서도 빈 곳을 쉽게 찾도록 하고 있다.

건축이 문화라면 건축물을 이용하는 일은 문화행위다. 건물을 바라보며 기쁨을 느끼고 사용하면서 만족감을 느낀다면 이보다 더 큰 생활 속 문화가 또 어디 있으랴. 건축은 국민 개개인의 재산이지만 수많은 사람이 이용한다는 사회적 책임도 생각해서 신중하게 계획하그 만들어야 한다.

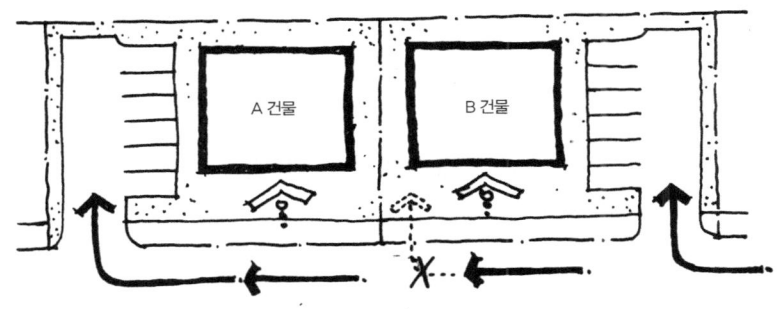

A 건물은 인지 후 주차장에 진입이 가능하지만, B 건물은 인지 후 주차장 진입이 불가능하다.

건축, 생활 속에 스며들다

필자가 설계한 안산 상록어린이도서관
경사진 곳에 자리 잡은 이 건축물은 넓지 않은 전면도로와 건축물의 여건을 잘 이해해 주차장 입구를 건물 왼쪽에 배치했다. ⓒ석정민

발코니,
베란다,
테라스, 필로티?

발코니, 베란다라는 단어가 사용된 때는
아파트 생활이 일반화되기 시작할 무렵이었다. 한참 뒤에는 테라스라는 단어까지 심심치 않게 등장했다. 무엇이 발코니이고 무엇이 베란다일까? 둘 다 같은 말 아닌가? 두 단어를 구별하기가 쉽지 않으리라 생각한다. 필자도 어렸을 때부터 아파트에서 살았는데 발코니 대신 베란다라는 말을 많이 사용했다. 발코니나 베란다가 우리말이 아니므로 보통 그 의미가 무엇인지 정확히 모르고 사용하는 경우가 많다. 하지만 아파트에서 거실과 이어진 바닥은 베란다가 아니라 '발코니'다.

발코니는 주로 거실이나 방에서 바깥쪽으로 내밀어 연장된 바닥을 말하며 다른 말로는 '노대'라고 한다. 노대는 위층과 아래층이 모두 같은 방식

네덜란드에 있는 노인주거 아파트
외벽 바깥쪽으로 모양과 색이 다양하고 재미있는 발코니들이 튀어나와 있다.

으로 달렸다. 다시 말해 윗집의 노대 바닥이 아랫집 노대의 천장이 된다면 발코니라 부른다. 건물 외부에서 보았을 때 외벽 면이 같은 아파트는 모두 발코니에 해당한다. 요즘은 발코니를 확장하여 거실이나 방으로 쓰기 때문에 발코니인지 구분하기가 쉽지 않지만 발코니는 원래 실내와 구별되어 외부에 달린 별도의 바닥을 의미한다.

그렇다면 '베란다'는 어디일까? 발코니가 위층과 아래층 모양이 같은 것과 달리 베란다는 바닥만 있고 위층에 구조물이 없는 부분을 말한다. 쉬운 예를 들면, 주위에서 흔히 볼 수 있는 2층짜리 단독주택은 대개 1층이 2층보다 넓다. 이때 2층에서 보면 1층 지붕이면서 2층 외부 바닥인 부분이 있는데 이곳이 '베란다'다. 베란다 바닥은 대개 외부용 타일이나 방수제로 마감하지만 바닥 방수를 한 다음 바닥용 목재마감을 하기도 한다.

그럼 '테라스'는 어디일까? 테라스는 발코니나 베란다가 건물 일부분인 것과 달리 건물 외부에 낮게 깔린 '일부러 만든 바닥'을 말한다. 아무리 넓

이탈리아 베니스의 산타루치아
물길 주변으로 건물들이 어깨를 기대고 서 있다. 위로 올라갈수록 건물이 조금씩 뒤로 후퇴하면서 생기는 바닥을 '베란다'라고 한다. 국기가 걸린 건물 위층에 사람이 서 있는 부분이 베란다다.

어도 건물 2층 이상에서 바닥은 '베란다'거나 건물의 '옥상'이 된다. 발코니, 베란다, 테라스는 건축공간과 사람 사이에서 중요한 매개 공간 구실을 한다. 완전히 실내도 아니고 완전히 외부도 아닌 반 내부, 반 외부 공간으로 그곳을 이용하는 사람들에게 생활의 다양함과 행태의 자유로움을 부여하는 역할을 톡톡히 하는 것이다. 건물 2층 이상에 있다면 실내에서 외부로 바로 나가기 어렵지만 발코니에서 바람을 쐬거나 햇빛을 만끽할 수도 있다. 흙을 밟지 않고도 건물 바깥으로 나와서 테라스에서 차 한 잔을 즐기거나 자연을 만끽할 수 있다. 이러한 매개 공간이 많을수록 건축은 흥미로워지며 이를 이용하는 사람의 삶은 더욱더 풍요로워진다.

스케치된 그림을 보면 베란다, 발코니, 테라스, 필로티에 대한 이해가 쉽다.

대표적 반 외부 공간인 '필로티'는 한옥의 처마 밑 공간과 같은 구실을 한다. 건물 1층은 외부 공간이고 2층 이상부터 건축이 있는 곳을 필로티라 한다. 필로티는 분명히 외부 공간이지만 비가 내려도 비를 맞지 않고 외부 생활을 즐길 수 있다. 한옥에서는 처마 밑에 메주도 말리고 곶감도 걸어놓는다. 이는 처마가 없는 유럽식 주택에서는 불가능한 일이다. 사람이 건축을 하지만, 건축이 사람의 생활과 행태에 영향을 미치는 것은 분명하다.

새마을운동을 했던 1970년대처럼 경제 논리로만 집을 짓는다면 반 외부 공간은 거의 만들지 않을 것이다. 초가지붕의 넉넉했던 처마를 뜯어내고 슬레이트로 지붕을 덮으니 처마 길이가 20~30cm밖에 되지 않아 삽 한 자루도 비를 피할 수 없게 되었다. 반 외부 공간은 대부분 건축법상 면적에 포함되지 않는다. 하지만 분명히 반 외부 공간을 시공하느라 비용이 더 많이 들어가는데도 법적으로는 면적에 포함되지 않으니 이른바 평당 단가가 반 외부 공간이 거의 없이 지어지는 집보다 훨씬 높아지고 만다. 그래서 이러한 내용을 잘 알지 못하는 일반인에게는 건축가가 좋은 개념으로 설계하는 집이 평당 단가로만 따져서 비싼 것처럼 오인되기도 한다.

오늘날 아파트에 대한 선호도는 예전보다 조금씩 낮아지는 것 같다. 자신과 가족을 위한 독립적인 주택을 원하는 분들은 좋은 건축가를 만나 삶의 방식과 생활주기를 고려한 주택을 설계하는 것이 좋다. 이미 지어진 공간에 자기 삶을 맞추기보다는 평생 단 한 번이라도 나와 가족을 위해 맞춤 공간을 지어보는 것이 어떨까? 진정 행복한 삶을 사는 데 큰 역할을 할 것이다.

사진 오른쪽의 하부공간을 필로티라고 한다. 기둥으로 지지했지만 벽이 없으니 실내공간이 아니다. 하지만 비가 내려도 비를 맞지 않을 수 있으니 외부공간도 아니다. 이를 '반외부 공간'이라고 한다. 건물 왼쪽으로는 기둥이 없이 튀어나간 부분이 있는데, 이를 '캔틸레버'라고 한다. 구조상 불안정해 보이지만 이를 극복한 기술력이 놀랍다.

들어가기
위한 문,
나가기 위한 문

"문은 들어가기 위한 장치인가, 나가기 위한 장치인가?" 이 질문에 답하기는 쉽지 않다. '문'이 들어가기 위한 것이라고 말하는 사람이 있는가 하면 '문'이란 나가기 위한 수단이라고 강하게 주장하는 이도 있기 때문이다. 이것은 마치 닭이 먼저냐, 계란이 먼저냐 하는 다툼과 비슷하므로 어느 한 쪽이 옳다고 볼 수 없다. 문은 사람이 살아가기 위해 '공간'을 만들어 드나들며 위협이 되는 동물이나 사람의 출입을 차단하기 위해 만든 장치다. 이때 공간의 기능과 특성에 따라 출입하기 위해 열리는 문의 방향이 다를 수 있다. 어떤 문은 들어가는 방향인 안쪽으로 열리고, 어떤 문은 나가는 방향인 바깥쪽으로 열린다. 양 방향으로 열리는 문도 있다. 이렇게 문이 열리는 방향은 어떤 의미가 있을까?

'문'은 어떤 공간을 출입하는 데 사용된다. 이때 공간의 안쪽으로 열리는 문을 '안여닫이문'이라 하며 바깥쪽으로 열리는 문을 '바깥여닫이문'이라 한다. 또 양 방향으로 자유자재로 열리는 문을 '자재문'이라 한다. 분명 문이 열리는 방향에 따라 이유가 있어 보인다.

'안여닫이문'의 속성은 무엇일까? 프라이버시(Privacy), 즉 사생활 보호가 주요 목적이다. 예를 들어 주택의 '방'은 가족 모두를 위한 공간이 아니라 그 방을 사용하는 사람을 위한 개인 공간이다. 그럴 때 프라이버시를 위해 안여닫이문을 쓴다. 안여닫이문을 달면 문을 열 때 문 뒤로 몸을 숨기거나 방 내부를 공개하지 않으려고 문을 살짝 열 수 있다. 하지만 문의 방향이 바깥여닫이라면 안쪽이 모두 보이기 쉬워 프라이버시가 보장되기 어렵다.

화장실 출입문도 안여닫이문의 예다. 화장실에는 프라이버시뿐만 아니라 유지·관리 측면에서 안여닫이문을 단다. 아파트 등 주택에서는 대부분 목욕실과 화장실이 한 공간에 있기 때문에 내부에서 물을 쓰게 된다. 그래서 샤워 후 문에 물이 묻어 있는 상태로 문을 바깥쪽으로 열면 문에 묻어 있던 물이 화장실 앞쪽 바닥으로 흘러내려 물을 닦아내야 한다. 자칫 잘못하여 미끄러지기라도 하면 사고가 날 수도 있다. 그래서 안여닫이문을 설치하는 것이다.

반대로 '바깥여닫이문'의 주요 목적은 '피난'이다. 여러 사람이 모여 있는 건축공간의 최대 관심은 위급한 일이 생겼을 때 어떻게 대피하느냐다.

건물은 들어가는 것도 중요하지만 나가는 것은 더 중요하다. 사람들이 많이 모여 있을 때 불이라도 나면 너도나도 문 앞으로 뛰어간다. 이때 사람들은 대부분 이성을 잃고 본능에 따라 행동하게 된다. 이것저것 생각할 겨를도 없이 저절로 '밀고' 나가게 되는데, 이럴 때를 대비해서 바깥여닫이문을 채택하는 것이다. 이것을 다른 말로 '피난방향'이라고 한다.

간간이 뉴스에서 화재 참사소식을 전하는데, 이럴 때 거의 예외 없이 희생자들이 출입구 쪽이나 계단 입구에서 생명을 잃고 쓰러져 있었다고 한다. 직접 보지는 않았지만 그런 때 출입문 방향이 피난방향, 즉 바깥여닫이가 아닐 가능성이 크다고 생각한다. 처음에 문 앞에서 탈출하는 사람의 행동이 참으로 중요하다. 문을 신속하게 바깥쪽 피난방향으로 열고 나간다면 뒤따르는 모든 사람이 안전하게 대피할 수 있다. 하지만 안여닫이로 되어 있는 경우 본능적으로 문을 바깥쪽으로 밀고 나가려 했으나 열리지 않으면 다시 안쪽으로 당겨서 열려고 한다. 바로 그때 뒤에서 몰려오는 사람들 때문에 몸이 밀려서 문이 닫히게 되면 아예 문을 열지 못해 많은 사람의 생명이 위험에 처하게 된다.

따라서 사람이 많이 모이는 공간에서는 반드시 '피난방향'으로 문이 열려야 한다. 극장 등 관람집회시설은 아예 건축법으로 출입구 방향을 피난방향으로 하도록 명시하고 있다. 일반 사무실이나 주택도 주 출입구는 대개 바깥여닫이나 양방향이 자유롭게 열리는 자재문의 형태로 되어 있다. 피난의 최종 목적지는 안전한 외부 공간이기 때문이다.

하지만 예외는 있다. 안여닫이를 해야 할 곳에 바깥여닫이가 설치될 수 있다. 프라이버시가 필요한 방일지라도 너무 좁아서 문이 안으로 열리면 공간을 많이 손해 볼 수 있다. 또 좁은 창고는 안에 쌓아놓은 물건이 넘어지면 물건에 걸려서 문을 열지 못하는 일이 생길 수도 있다. 이런 때에는 바깥여닫이문을 채택하기도 한다.

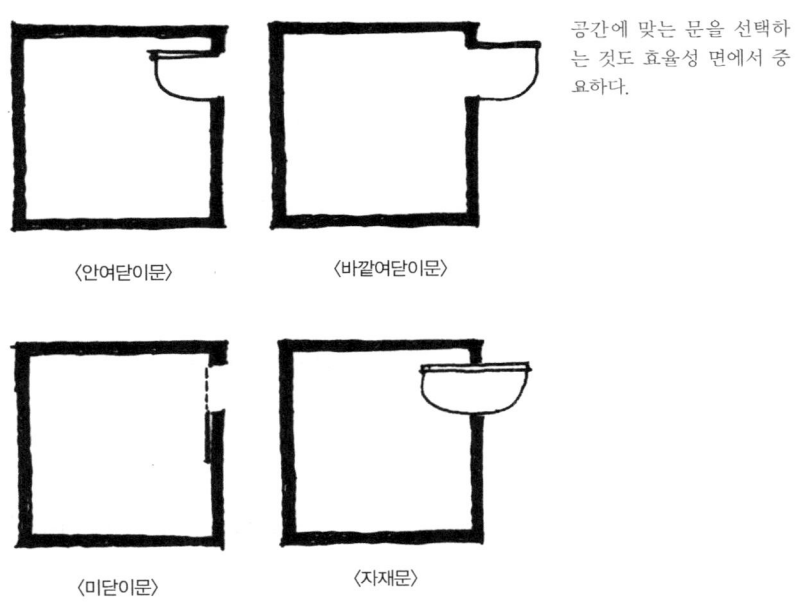

공간에 맞는 문을 선택하는 것도 효율성 면에서 중요하다.

〈안여닫이문〉 〈바깥여닫이문〉

〈미닫이문〉 〈자재문〉

또 다른 경우로는 집안에 노인이 계실 때 화장실 문을 바깥여닫이로 하는 것이다. 특히 고혈압 환자에게는 이것이 더욱 중요하다. 고혈압 환자는 화장실에서 많이 쓰러진다. 화장실에서 볼일을 보다 너무 힘을 주면 잘못해서 뇌혈관이 터진다. 그런 일이 생겼다면 빨리 환자를 병원으로 이송해야 하는데 '안여닫이문'이다 보니 화장실 안쪽에 쓰러져 있는 환자에게 걸려서 문이 안 열린다. 이때 억지로 문을 열려고 쓰러져 있는 사람을 계속 문으로 밀친다면 환자에게 2차 충격이 가해져 더욱 나쁜 상황이 되고 만다. 때로는 아예 문을 열지 못해서 생명을 구할 수 있는 시간을 놓치는 일도 생긴다. 이럴 때를 대비해서 노인이나 고혈압 환자가 있는 가정의 화장실 출입문은 꼭 바깥여닫이로 해두는 것이 좋다. 이에 대해서는 별도의 글로 더 자세히 설명할 예정이다.

한 가지 더 기억해야 할 것이 있다. 화장실 손잡이는 열쇠가 '없는' 잠금장치만 있어야 한다는 것이다. 만약 열쇠가 있는 잠금장치라면 빨리 바꾸는 것이 좋다. 일반적으로 화장실 문은 동전으로 돌려서 열 수 있어야 한다. 위급한 일이 발생한다면 누구나 이성을 잃고 다급해진다. 이때 빨리 문을 열어야 하는데 열쇠를 못 찾으면 큰일이다. 그래서 화장실 잠금장치는 주변에 있는 어떤 도구로라도 쉽게 열 수 있도록 해야 한다. 손잡이가 동그란 형태면 동전이나 드라이버 같은 도구로 열 수 있다. 손잡이가 막대기 형태이면 잠금 해제 장치가 조그마한 구멍으로 되어 있어서 이쑤시개나 송곳 등 뾰족한 것으로 밀어서 열 수 있다.

반대의 경우로 바깥여닫이, 즉 피난방향으로 문을 설치해야 하는데 안여닫이로 하는 때도 있다. 여러 실이 있는 공간에서 복도 폭이 너무 좁은 경우 대피할 때 모든 문이 바깥쪽으로 열린다면 실제로 복도를 통해 피난하는 사람에게 오히려 방해가 된다. 이때는 각 실의 방문을 안여닫이로 하거나 미닫이문으로 하기도 하는데, 학교의 경우 대다수 교실은 공간을 적게 차지하는 미닫이문을 채택하고 있다.

한 가지 더한다면 은행의 외부 출입문은 일반적으로 바깥여닫이나 자재문으로 설치하지 않고 특별한 경우를 위해 안여닫이로 설치해야 한다. 강도 사건만큼 은행에서 위중한 일은 없다. 은행에 강도가 들었다 치자. 강도도 사람인지라 당황하면 문을 막 밀치고 나갈 것이다. 이때 문을 안여닫이로 설치하면 잠시라도 시간을 벌 수 있다. 강도는 허둥지둥 나가다가 문에 부딪힌다. 또 문이 열리지 않는 것을 알고 난 다음에는 물러서서 문을 당겨 열려고 노력하는데 이 때문에 얼마라도 시간을 소비하게 된다. 그러다 보면 출동한 경찰과 맞닥뜨릴 가능성이 커진다. 1~2초 차이로 범인을 잡기도 하고 놓치기도 하기 때문에 이런 방법은 범죄예방과 처리에 상당히 도움이 된다. 물론 이 경우 일반 사용자들은 조금 불편하지만, 더 중요한 일을 위해 그 불편을 감수하는 것이다. 어떤 은행은 출입문 두 짝 중 한 짝은 안여닫이로 하고 다른 한 짝은 바깥여닫이로 해놓았는데 이것은 원칙이 없어 좋은 예가 아니다.

한편 오래된 큰 성의 성문이나 한옥의 대문 등은 대개 안여닫이로 되어 있다. 이는 또 다른 이유가 있다. 대문을 바깥여닫이로 할 경우 경첩이나 돌쩌귀가 외부로 노출된다. 이렇게 되면 누군가가 맘만 먹으면 경첩을 부수고 문을 쉽게 뜯어낼 수가 있다. 방어에 무척 취약하게 된다. 그래서 그 부분을 외부에 노출시키지 않도록 내부에 만들다보니 당연히 안여닫이문이 되는 것이다. 유럽이나 중국의 건축에서도 이러한 현상은 동일하게 나타나며, 성문도 적의 공격을 방어하기 위해서는 위와 같은 원리로 안여닫이 문이 될 수 밖에 없다.

  주변의 출입문을 잘 살펴본다면 열리는 방향을 그렇게 한 이유를 알 수 있다. 사소한 부분이라도 깊이 생각하면 건축을 좀 더 쉽게 이해할 수 있을 뿐만 아니라 좋은 건축을 누리면서 문화생활을 하는 즐거움도 느끼게 될 것이다.

주택의 주 출입구
들어가는 왼편에 큰 유리창이 있어 방문객의 접근을 인지할 수 있게 되어 있다.

출입문 앞에 작은 담을 설치했다. 이는 한옥에서 일종의 내외 담 역할을 하는 것으로 프라이버시를 보호한다.

오래된 벽과 문 그리고 초록의 색감이 조화롭다. ⓒ석정민

화장실을
쉽게
찾으려면?

배설은 인간의 기본 욕구 가운데 하나로
이것이 충족되면 큰 기쁨을 얻을 수 있다. 길을 걷다가 용변이 급하면 주변 건물에 들어가게 된다. 주유소나 큰 건물의 1층 화장실은 대개 개방되어 있기에 고맙게 생각하며 종종 이용한다. 정말 급할 때 화장실을 쉽게 찾아 볼일을 잘 마치고 나오면 그렇게 기분이 좋을 수 없다. 더군다나 관리가 잘되어 깨끗하기까지 하다면 얼마나 고마운 일인가? 반대로 급할 때 화장실을 아무리 찾으려고 해도 쉽게 찾지 못하거나 찾았지만 문이 잠겨 있으면 당혹스럽다. 이런 일은 살면서 한 번쯤 경험해보았으리라 생각한다.

우리나라의 화장실 문화는 1988년 서울올림픽을 기점으로 크게 달라졌고 2002년 월드컵을 치르면서 완전히 변했다. 그전에는 '화장실'보다는 '변소라는 명칭을 더 많이 사용했는데 요즘 정서로 보면 단어가 주는 뉘앙스가 생소하기까지 하다. 정부는 서울올림픽 때 우리나라를 방문하는 외국인이 화장실을 가장 불편하게 여길 것이라고 판단했다. 그래서 정부의 주도하에 고속도로 휴게소를 중심으로 화장실 개선사업이 시행되었고 지금은 전 세계 어디와 비교해도 최고의 화장실 문화를 갖추게 되었다. 여러 나라를 여행하면서 느끼지만 우리나라 화장실은 세계 최고 수준이라는 자부심이 든다. 공공장소 어디를 가도 지저분한 곳을 찾기가 쉽지 않을 정도니 얼마나 발전한 것인가.

그렇다면 우리가 건물을 이용할 때 어떻게 하면 화장실을 쉽게 찾을 수 있을까? 화장실 위치는 건물 전체 배치와 동선을 함께 고려하여 정하는 것이 일반적이다. 그때 가장 중요한 결정 요인은 바로 '코어(Core)'라고 하는 건물의 주요 구조부다. 코어는 계단, 엘리베이터, 설비용 샤프트 등과 같이 건물의 세로축을 형성하는 내부 구조와 동선의 핵심이 되는 부분을 말한다. 계단은 위층, 아래층 할 것 없이 항상 같은 자리에 있어야 한다. 엘리베이터는 두말할 필요가 없다. 이것은 건축법에서도 규정했지만, 법 이전에 사용하는 사람들을 생각해보면 불이 났다든지 하는 위급한 상황에서 피난 동선은 지극히 단순하게 구성되어야 한다. 그래서 층마다 같은 자리에 계단이 있어야 하는데, 이것을 건축법에서는 '직통 계단'이라 한다.

그럼 화장실은 어떨까? 화장실도 동선의 주요 축을 형성하는 곳에 있는 것이 바람직하다. 그래야 찾기 쉬울 뿐 아니라 급수·급탕, 위생용수 등 파이프를 이용한 물 공급은 물론 변기에서 버려지는 오물 따위를 처리하

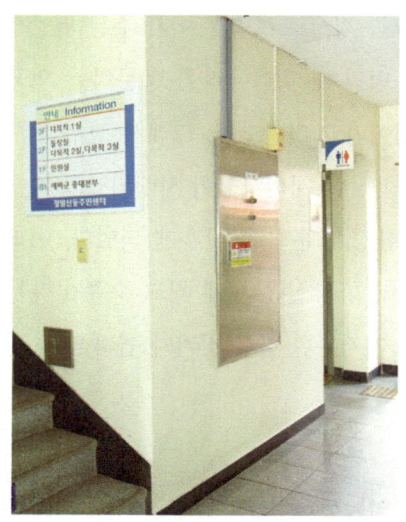

주민자치센터 계단과 화장실 위치
일반적으로 계단을 찾으면 화장실도 바로 붙어 있는 경우가 많다.

엘리베이터 오른쪽 벽에 화장실 표시가 붙어 있다. 임대 건물의 경우 화장실은 대개 엘리베이터와 계단 가까이에 있다.

기가 쉽기 때문이다. 그래서 조금만 관심을 두고 살펴본다면 화장실은 계단의 옆이나 뒤쪽 또는 앞쪽 등 계단과 아주 가까운 곳에 있다는 것을 어렵지 않게 알 수 있다.

용변이 급할 때 화장실을 쉽게 찾는 방법은 먼저 그 건물의 계단을 찾아가는 것이다. 계단은 건물의 주 출입구와 동선을 직접 연계하기 쉬운 곳에 있으므로 찾기가 어렵지 않다. 더 쉬운 방법은 주변 사람들에게 물어보는 것이다. 물론 훌륭한 방법이지만 건물의 구조를 알려고 노력하는 것도 중요하다. 평소 이용하는 건물의 계단 위치를 파악해두는 것은 위험한 상황이 발생했을 때 자신의 생명과 안전을 지키기 위해서라도 반드시 필요한 일이다. 이와 더불어 화장실 위치까지 쉽게 찾을 수 있다면 위급한 상황을 모면할 수 있지 않을까?

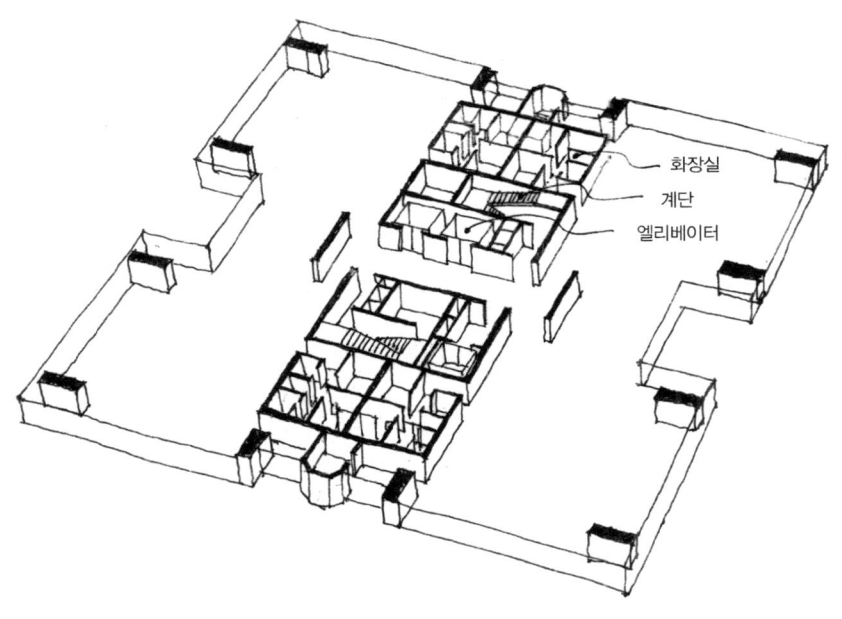

건축물에서 엘리베이터나 계단처럼 각 층의 같은 위치에 수직으로 있는 부분을 '코어'라 한다. 화장실은 배관문제 때문에 코어 즉, 계단이나 엘리베이터 근처에 있는 것이 좋다.

ⓒ 석정민

건축가의 직업병

건축물의 중요한 부분

눈에 보이지 않는 것이 더 중요하다

어느 쪽이 정면일까?

연계가 필요한 곳은 매개가 필요하다

원리를 이해하면 응용하기가 쉽다

건물에도 헤어스타일이 있다

CHAPTER 03

건축,
생각 속 직업병

건축가의
직 업 병

"선생님, 그림은 안 보시고 어딜 보십니까?"

언젠가 미술관에 갔을 때 누군가 필자에게 한 말이다. 그때 필자는 그림이 아니라 전시실 천정*을 유심히 보고 있었다. 천창(Top Light)을 통해 들어오는 빛에 관심이 가 있었는데, 그게 다른 사람들에게는 유난스럽게 보였나 보다.

"건축가들은 오로지 건축물에만 관심을 두시는군요. 허허, 그거 직업병 아니에요?"

---

* 필자는 천정(天井)과 천장(天障)을 구별해서 사용할 것을 주장한다. 자세한 내용은 P.250 '천정과 천장'에서 설명하고 있다.

실내공간에서 미술품을 전시하고 감상하는 것은 '빛'을 충분히 고려했기 때문에 가능한 일이다. 미술품을 감상하는 데 가장 좋은 빛은 태양빛이다. 태양빛의 흐름에 따라 미술품의 형태와 색깔을 구별할 수 있기 때문이다. 그럼에도 소규모 전시장에는 천창이나 고측창을 만들지 못하므로 일반적인 높이의 측창을 사용한다. 하지만 측창은 눈부심이 생겨 좋지 않다.

얼마 전 한 신문사에서 운영하는 미술관에 다녀왔다. 그 미술관도 일반 건물 2층에 자리 잡고 있어 자연채광을 완전히 배제하고 오로지 인공조명으로만 전시실에 빛을 만들었다. 전시실에는 자연스러운 태양빛이 가장 좋지만, 처음부터 전시실로 설계하지 않은 건물에는 좋은 빛을 만들기 어려운 탓에 아예 인공조명으로 처리하는 곳도 많다.

창은 빛을 받아들이는 위치와 모양에 따라 몇 가지 유형으로 나뉜다. 먼저 주변에서 흔히 볼 수 있는 '측창'이 있다. 측창은 빛이 관람하는 사람의 눈높이로 들어오기 때문에 그림이나 작품을 감상하는 전시장에는 사용하지 않는다. 전시에 가장 적합한 창으로는 빛이 위에서 쏟아지는 '천창'

벨기에 브뤼셀에 있는 만화박물관
천창 덕분에 내부가 상당히 밝으며, 기둥과 보 등 구조체를 가벼운 철골로 만들어 시각적으로 부담감이 없다. 재미있게 보았던 만화영화 개구쟁이 스머프의 주인공도 이곳에 있다.

이 있다. 'Sky Light' 또는 'Top Light'라고도 하는 천창을 통해 들어오는 직사광은 한번 걸러주면 눈부심이 없고 벽면이나 바닥에 놓인 작품을 감상하기 좋은 빛이 된다. 하지만 전시장 전용시설이 아니면 창을 이렇게 만들기 어려우므로 주변에서 쉽게 볼 수 있는 형태는 아니다. 또 다른 형태로는 고측창이 있다. 고측창은 벽의 높은 곳에 창을 내서 빛이 사람의 눈에 직접 닿지 않게 하면서 실내의 조도를 높이고 싶을 때 가장 무난하게 사용된다. 고측창을 통해 들어온 빛에 부분적으로 인공조명을 더하면 작품이 전시된 벽면이나 바닥을 더 밝게 조명할 수 있어 작품을 감상하는 데 도움이 된다.

밝은 쪽이 잘 보이는 것은 자연의 이치다. 낮에는 바깥보다 실내가 어두우므로 밖을 내다보기는 쉽지만, 밖에서 안을 들여다보기는 어렵다. 하지만 밤에 실내등이 켜 있을 때는 안이 밝고 밖이 어두우므로 반대가 된다. 벽에 걸린 그림을 볼 때도 사람이 있는 쪽은 어둡게 하고 작품이 있는 쪽이 밝게 해야 감상하는 데 좋다. 그래서 벽에 조명을 집중하는 것이다. 이러한 조건을 인공조명 없이 자연채광으로만 해결할 수 있다면 이상적이다. 에너지 절약에 도움이 되는 것은 물론이고 빛을 의도한 대로 만들어낸다는 것 자체가 예술이기 때문이다.

일반적으로 미술관이나 전시장은 건물을 화려하게 디자인하지 않는다. 건물이 화려하면 전시 작품보다 더 튀거나 사람의 눈길을 지나치게 끌기 때문이다. 전시장은 사람의 시선이 작품에 집중되도록 해야 할 의무가 있다. 그것이 바로 작품을 더욱 돋보이고 아름답게 하는 길이다. 그래야만 전시장은 전시장답다는 평가를 받으며 나름대로 빛날 수 있다.

**메트로폴리탄박물관에 전시된
아프사라스 조각물**
캄보디아에서 온 이 조각물은
예술성이 뛰어나 단순한 배경과 조명이
오히려 그 아름다움을 드러내면서
많은 이들의 발길을 오랫동안 붙잡아둔다.
ⓒ김영훈

세계 3대 박물관의 하나인 메트로폴리탄박물관에 있는 그리스 전시실
측창이 없어도 천창을 통해 쏟아지는 빛이 실내 전체를 밝고 명랑하게 만들어준다. 천창을 설치하면 위에서 들어오는 빛으로 명암이 분명해지기 때문에 천창은 특히 조각전시실에 유용하다.

활발한 화산 활동과 유황온천으로 유명한 뉴질랜드 로토루아 시청사 내부
천창 아래로 높게 세워놓은 원주민 예술조각이 인상적이다. 공간은 이미 충분히 밝지만 벽면의 작품에 더 집중할 수 있도록 인공조명을 설치했다.

텔레비전에 나오는 진행자 가운데 국민 대다수가 좋아하는 이들이 몇몇 있다. 썩 잘생기거나 예쁘지 않은데 오랫동안 사랑받는 모습을 보면 그들에게는 분명히 뭔가 특별한 것이 있는 듯하다. 그들이 진행하는 프로그램을 보면 초대 손님이 정말 편안하고 즐겁게 얘기하도록 잘 유도하는 것을 알 수 있다. 진행자가 상대를 존중하면서 얘기를 이끌어내 프로그램이 살아난다. 그래서 겸손한 그들을 시청자들은 더욱 사랑하고 아끼는 것이다. 화려하지는 않지만 묵묵히 자기 일에 온 힘을 다하며 은은한 향기를 발하는 사람들을 보면 전시장 같다는 생각이 든다. 자신의 수고를 드러내지 않고 그 공을 다른 사람들에게 돌리며 상대를 돋보이게 할 때 오히려 사람의 가치가 높아진다. 이것이 바로 우리가 전시장에서 배울 수 있는 인격의 한 모습이 아닐까?

그렇다. 나에게는 건축가로서 직업병이 있다. 눈앞에서 화려한 조명을 받는 가치보다는 그것을 돋보이게 해주는 배경을 더 보고 싶다. 주인공을 돋보이게 하는 조연처럼, 작품을 돋보이게 하는 전시장처럼 살고 싶다.

이탈리아 베로나에 있는 베키오 성
이 성은 1354년에 요새로 축조했지만 지금은 박물관으로 사용하고 있다.
베로나의 미술사와 관련 있는 작품들이 전시되어 있으며,
특히 기독교 관련 조각물들의 정교함과 사실적 표현에 감탄사가 절로 나온다.

건축물의 중요한 부분

사람들은 흔히 어떤 일을 하더라도 '기초'가 튼튼해야 한다고 얘기한다. 기초란 무엇일까? 모두 아는 것처럼 건축물의 가장 아랫부분에 있으며 땅속에 묻혀서 보이지는 않지만, 건물이 흔들리거나 움직이지 않고 든든하게 서 있게 해주는 중요한 부분이다. 기초는 건물 전체의 무게를 견뎌야 하기 때문에 크고 튼튼해야 한다. 그리고 아주 작고 미세한 움직임도 있으면 안 된다. 지나치게 무르거나 연약한 땅은 돌이나 자갈을 이용해 기초가 놓일 부분을 먼저 단단하게 만드는 작업을 하는데, 이를 '지정'이라 한다. 건물이 완성된 뒤에는 땅 속에 묻히거나 벽 속에 가려져서 보이지 않는 부분이라도 튼튼하게 마무리하는 것이 중요하다. 이때 기초는 주로 기둥이나 벽의 아랫부분에 있으며, 기둥이나 벽보다는 바닥면이 넓다.

'기둥'은 건물을 서있게 해주는 중요한 요소다. 한집안의 가장을 일컬어 '우리 집의 기둥이다'라고 표현할 정도로 기둥은 중요한 구실을 한다. 기둥은 주로 '바닥 판'이나 '보'에서 전달되는 힘을 다시 기츠로 전달하므로 어느 정도 크기와 단면이 필요하다. 지나치게 가늘면 힘을 전달하기 어렵기 때문이다. 마치 몸집이 큰 사람이 힘이 센 것과 비슷한 이치다. 물론 다 그런 것은 아니지만, 몸이 왜소하면 힘이 약해 보이는 것은 사실이다.

'보'는 바닥 판을 받쳐주는데, 종이를 가지고 실험해보면 쉽게 이해할 수 있다. 한 손으로 종이를 수평이 되도록 들고 싶어도 얇은 종이는 아래로 축 처진다. 하지만 막대기나 연필을 사각형으로 놓은 후 그 위에 종이를 올려놓으면 어느 정도 평평하게 할 수 있다. 여기서 종이는 '바닥 판'이고 연필은 '보'다. 콘크리트 건물의 바닥도 이와 같은 이치다. 바닥 판의 면적이 넓으면 그 아래에 '보'가 꼭 있어야 한다. 그래야 건믈에 사는 사람이 위험하지 않고 안정적으로 건물을 사용할 수 있다.

그럼 보통 '슬래브(Slab)'라고 하는 바닥 판을 살펴보자. 사람은 대부분 건축공간의 바닥에서 생활한다. 바닥이 없다면 건축물을 이용하거나 그 안에서 살 수 없다. 바닥은 대부분 한 개 층에 하나씩 있지만, *천정을 높게 만들려고 일부러 위층 바닥을 없애는 때도 있다. 바닥은 보통 콘크리트로 만들지만 나무나 철판을 이용하기도 한다. 공간을 분할할 때는 대개 '벽'을 둔다. 벽에는 기둥처럼 힘을 받는 '내력벽'과 칸을 나누는 칸막이 벽인 '비내력벽'이 있다. 벽은 생활공간을 구분해주기 때문에 건축적으로 아

---
* P.250 '천정과 천장' 설명 참조.

제주 가옥
초가지붕에 새끼줄로 얽어매 바람의 영향을 덜 받으려는 건축적 노력이 보인다.
제주 민속자연사박물관 옥외 전시실 소재 ⓒ정준철

주 중요하다. 벽의 위치를 결정하는 것은 일견 쉬워 보이지만, 건축가의 능력이 발휘되는 중요한 부분이다. 벽의 위치를 결정하는 것은 공간을 분할하는 것으로, 이용하는 사람들의 행태에 큰 영향을 미치기 때문이다.

각 나라나 지방의 기후와 문화에 따라 크게 차이가 나는 또 다른 부분으로 지붕이 있다. 건물 모양은 지붕 형태에 따라 그 모습이 매우 달라진다. 지붕은 디자인을 결정하는 중요한 요소이기도 하다. 추운 곳일수록 뾰족한 지붕이 많고 더운 곳일수록 완만한 지붕이 많다. 추운 곳에서 지붕을 뾰족하게 하는 이유는 눈이 많이 쌓이지 못하게 하기 위함이다. 만약 눈 때문에 무게를 이기지 못하고 지붕이 무너져 사람이 다친다면 큰일이

인천공항 이동통로에 설치한 기둥
기둥과 기둥을 위에서 연결하는 부재를 '보'라고 하는데 모두 철골로 만들어져 있다. 그 위로는 천창을 두어서 조명이 없어도 실내가 밝고 경쾌하게 느껴진다.

프랑스 드골공항 보행로
낮은 천정과 가는 기둥들이 마치 울창한 숲 속을 거니는 기분이 들게 한다.

지 않은가. 하지만 만년설이 쌓인 높은 산을 배경으로 한 뾰족 지붕은 우리가 흔히 보는 풍경이 아니기 때문에 텔레비전이나 달력에서 볼 때 아주 멋져 보인다.

제주도는 바람이 많기로 유명하다. 바람이 많으면 지붕이 날아갈 위험이 있으므로 그것을 방지하기 위해 처마를 짧게 만든다. 그것도 모자라 지붕을 밧줄로 꽁꽁 묶어두기까지 한다. 이렇듯 지붕은 기후와 문화 환경에 크게 영향을 받기 때문에 지방마다, 나라마다 특색 있는 건축물이 생기게 되었다.

이렇듯 중요한 부분이 모여 각자 맡은 일을 충실히 해낼 때 멋지고 아름다운 건축물이 만들어진다. 우리도 각자 자리한 곳에서 자기 역할과 소임을 잘해내면 전세계 모두가 부러워할 만한 건강하고 밝은 사회를 이룰 수 있을 것이다.

대전 남간정사 송시열 사당
기둥과 기둥사이에 벽을 만들지 않는 이유는 건축공간에 자연을 끌어들이기 위함이다.
벽이 없는 넓은 마루는 자연과 건축이 하나가 되어 만나는 신비한 공간이 된다. ⓒ신현철

눈에
보이지 않는 것이
더 중요하다

"난 다 볼 수 있어."

천리안을 가지고 있는 마법사는 그렇게 말할지 모른다. 어릴 적 읽은 동화책 속 마법사는 못 하는 것이 없는 대단한 존재였다. 그때는 마법사가 부러웠고 언젠가는 나도 그런 능력을 갖고 싶어 했다. 어른이 된 후 가장 즐겨본 텔레비전 프로그램은 〈동물의 왕국〉과 자연과학 다큐멘터리였다. 그것을 볼 때마다 사람의 눈으로 볼 수 있는 것이 그리 많지 않다고 생각했다. 아주 작은 미생물이나 박테리아는 당연히 볼 수 없지만, 너무 큰 것도 못 보고 얇은 막 하나만 가려 있어도 그 뒤에 있는 것은 볼 수 없다. 멀리 있는 것 역시 제대로 못 본다. 삼겹살을 구울 때 수분과 반응하며 아름답게 튀는 미세한 기름방울도 제대로 못 보며 우리가 숨 쉬는 공기도 눈으로 볼 수 없다. 사랑을 눈으로 볼 수 있다면 참으로 아름다울 텐데 그리하

고성능 카메라로 본 파리매의 눈
섬세하고 정교한 모습에 감탄사가 절로 나온다. ⓒ장인환

지도 못한다.

　'건축'을 한마디로 표현하기는 어렵다. 하지만 유명한 분들은 자기 가치관을 담아서 '건축은 공간이다' 혹은 '건축은 굳어진 음악이다'라고 말하기도 한다. '건축은 놀이'라고 생각하는 건축가 친구도 있다. 필자는 '건축은 사랑이다'라고 표현하고 싶다. 사랑으로 지어진 건축은 그 속에 가족의 행복이 넘치고 웃음꽃이 피어나게 하기 때문이다. 또 어려울 때 피난처가 되기도 하고 가족의 삶이 아름다워지게도 한다. 하지만 사랑 없이 지어진 건축은 사람에게 엄청난 재난과 위험을 가져다주기도 하지 않는가. 그것도

수많은 사람에게 말이다.

건물은 이용하려고 만든다. 그래서 들어가는 방법은 쉽게 알아차릴 수 있다. 즉 출입문이 어디 있는지는 누구나 알 수 있지만, 건물에 위험이 닥칠 때는 그 건물에서 빨리 빠져나올 수 있어야 한다. 불이 나거나 지진 징후가 있을 때는 정신을 차리고 지체없이 건물을 나와야 한다. 그런데 들어가기는 했지만 정작 위험한 순간에 나오는 곳을 찾지 못해 사고를 당한다면 얼마나 어처구니없는 일인가?

건물은 이용하려고 만들지만 거꾸로 피난에 대한 개념이 명확하게 제시되어야 한다. 예를 들어 건물에 불이 나면 1층에 있는 사람들은 유리창을 깨고 바로 나오면 된다. 하지만 2층 이상에 있는 사람들은 엘리베이터 대신 계단을 이용해야 한다. 불이 나면 정전이 되어 엘리베이터를 쓸 수 없기 때문이다. 이때 계단실에 창이 없다면 많은 사람이 암흑과 같은 곳에서 대피해야 한다. 만일 누군가가 실수로 넘어지기라도 한다면 순식간에 아수라장이 되고 만다. 그러므로 계단실에는 반드시 창이 있어야 한다. 그래야 빛이 들어와 피난하는 사람들이 계단을 인지하면서 대피할 수 있기 때문이다.

계단을 다 내려온 후에는 당연히 1층에 있는 주 출입구를 찾아야 한다. 그래야 건물에서 빨리 빠져나올 수 있다. 만약 1층에서 출입구를 찾지 못해 지체한다면 그 뒤를 따르던 수많은 사람에게 밀려 넘어져 깔릴지 모른다. 그렇게 되면 다시는 바깥 공기를 마시지 못할 수도 있다. 그래서 주 계단과 주 출입구의 관계는 항상 명확해야 한다. 설계하며 건물에 실을 배치할 때도 '피난'에 근거하면 우선순위를 정하기가 쉽다. 예컨대 피난하는 데 불리한 노인이나 어린이가 주로 사용하는 실들을 주 출입구 가까이에 배치하는 것이다. 건물을 이용하기 위해 들어가는 것도 중요하지만, 빠져나오는 '피난'이 더 중요하다. 바로 생명과 직결되기 때문이다.

사랑, 공기, 생명 등 정말 중요한 것은 눈에 보이지 않는다. 아니 어쩌면 너무 귀하고 소중해서 욕심으로 가득 찬 세속적인 눈으로는 볼 수 없는지도 모른다. 또 값을 매길 수 없어서 오히려 하늘이 '공짜'로 주는 것이 아닐까도 생각한다. 이렇게 귀한 것을 거저 누리며 살고 있으니 우리는 정말 복 받은 게 아닌가?

창이 없는 계단
백화점처럼 규모가 큰 건물은 외기와 면하지 않는 계단이 있을 수 있다 이곳은 정전되더라도 비상발전기로 별도로 관리해야 하고, 연기를 배출하는 설비를 갖추어야 한다.

어느 쪽이 정면일까?

건물은 전면, 우측면, 배면, 좌측면으로 불리는 입면이 4개 있고, 제5의 입면이라고 불리는 지붕이 있다. 이들 중 어느 쪽이 정면일까? 당연히 주 출입구가 있는 전면이 정면이다. 우리가 쉽게 내려다볼 수 없는 지붕을 제외한 4개 입면 중 '정면'의 상징성과 인지성은 상당하다. 특히 공공건물일수록 정면의 중요도는 높아진다. 정면은 처음 계획할 때부터 큰 비중을 두고 생각하며 디자인 계획을 한다. 이때 정면성에 영향을 주는 요소는 '도로'다.

공공건물을 기준으로 본다면 도로를 이용하는 불특정 다수가 걷거나 자동차를 이용해서 접근할 때 '여기구나!'라고 쉽게 알아볼 수 있어야 한다. 이것을 '인지성'이라고 한다. 이러한 인지성은 건물의 전체 모양과 형태로 표현되거나, 건물의 한쪽 또는 상징성 있는 일부로 인식하기도 한다. 사람은 전체 모습을 보고 누구인지 알기도 하지만 얼굴만 봐도 누구인지 쉽게 알 수 있다는 의미인데, 이 경우 얼굴이 정면이 된다.

교보빌딩
스위스 건축가 마리오 보타가 설계하였다. 사진의 왼쪽 면이 주출입구가 있는 정면이지만 폐쇄적 성향이 강하고 창이 있는 측면은 상대적으로 열려 있어 정면성을 부여한다. ⓒ석정민

목동 하이페리온
고층건물은 어디에서나 보이므로 진입구가 있는 정면뿐만 아니라 보이는 모든 면이 정면성을 갖도록 디자인된다.

그렇다면 가고자 하는 건물을 찾았을 때 다음 행동은 무엇일까? 바로 건물로 들어가는 것이다. 이때 주 출입구를 쉽게 찾지 못한다면 당황스럽다. 이것은 공공건물일수록 더욱 중요한 문제다. 사람으로 비유하면 주 출입구는 입과 같다. 사람의 입은 늘 얼굴 정면 중앙에 자리하는데 만약 다른 곳에 있다면 상당히 이상하게 보일 것이다. 건물도 이와 크게 다르지 않다. 따라서 주 출입구는 거의 정면에 있는 것이 여러 사람이 이용하는 데 도움이 된다. 항상 '정면의 중앙'에 있지 않더라도 보행자 동선에서 직접 바라볼 수 있는 면에 출입구가 있는 것이 중요하다. 그렇게 생각한다면 주 출입구가 있는 면이 정면이 된다. 과거와 달리 최근 건축 디자인의 트렌드는 비대칭이다. 중앙에 주 출입구가 있는 대칭형 건물과 달리 비대칭건물은 주 출입구가 대개 한쪽으로 치우쳐 있다. 그럴지라도 정면에 주 출입구가 있을 확률이 높으며 공공건물은 더욱 그래야 한다.

건축물을 이용하기 위해 들어가는 것과 반대로 건물에 화재 등 위급한 일이 닥쳤을 때는 건물 밖으로 재빨리 피난해 나올 수 있어야 한다. 그리고 도로에 도달해야 살았다고 안도할 수 있다. 그렇게 하려면 주 출입구는 건물 정면에 면해 있어 직접 도로를 바라볼 수 있는 곳에 있는 것이 합당하다. 주택을 제외한 거의 모든 건물이 이 원칙에서 크게 벗어나지 않는다. 물론 예외는 있다. 대지나 도로의 특수성 또는 건축주의 사정이나 요구에 따라 달리 표현할 수 있다. 하지만 주택 등 개인의 사생활이 중심이 되는 건물은 대중이 출입하지 않을 뿐 아니라 프라이버시까지 고려해야 하므로 주 출입구가 반드시 도로 쪽에 면할 필요가 없다. 오히려 주 출입구가 보이지 않도록 담장을 둘러 개인 생활을 강조하는 것이 우선이다. 특정한 소수가 항상 사용하는 건물이니 피난 상황에서도 큰 어려움은 없다.

그런데 '정면'은 아니면서 '정면성'을 가진 때도 있다. 대지나 건물의 특수성으로 말미암아 측면이나 배면(뒷면)이 많이 보이는 경우가 있다. 예를 들면 측면이나 배면 쪽에 자동차전용도로가 있다면 자동차로 그 도로를 이용하는 사람들에게는 지속적으로 건물이 인지된다. 그러므로 보이는 면을 좀 더 예쁘고 아름답게 꾸미려 할 것이다. 또 다른 예로 건물이 주변의 다른 건물들보다 훨씬 높아서 멀리서도 쉽게 보인다면, 사람들에게 보이는 모든 면을 더욱 아름답게 꾸미려 할 것이다. 물론 이 경우 건축주의 비용조달이 중요한 문제가 되겠지만 보인다는 것은 많이 알려지는 것이므로 건축주로서도 예쁘게 꾸미고 싶을 것이다. 비록 정면이 아닐지라도 말이다. 이럴 때 '정면성'을 강조했다고 할 수 있다. 사람드 치장할 때 얼굴을 먼저 예쁘게 하고 나서 머리나 전신을 꾸미듯 건물도 건축주 사정에 따라 일부분 또는 전체를 아름답게 디자인한다. 하지만 우리가 쉽게 보는 일반 건물은 대개 정면만 치장한다. 가장 큰 이유는 비용 때문이지만 주변의 다른 건물들과 조화를 이루기 위한 것도 하나의 이유가 된다.

그렇다면 어느 쪽이 건물의 정면일까? 예외가 있겠지만, 일반적으로 건물은 각기 용도에 따라 특색 있는 입면을 가지고 있을지라도 보행자 중심으로 볼 때 도로에서 직접 바라보이고 주 출입구가 면해 있는 쪽이 정면이다.

연계가
필요한 곳은 매개가
필요하다

두 가지 이상의 물체나 공간이 만나면 연결되는 부분이 생긴다. 이때 이 연결부위를 얼마나 세련되고 깨끗하게 잘 처리했는가가 기술적으로나 계획적으로 중요하다. 이것을 해결하는 요소로 '매개체'가 필요하다. 결혼 적령기에 있는 미혼남녀가 서로 만나게 도움을 주는 사람을 중매쟁이라고 한다. 중매쟁이의 도움으로 초면인 남녀가 자연스럽게 자리를 함께할 수 있게 된다. 중매쟁이는 남자와 여자를 각각 잘 알아서 가장 잘 맞는 사람끼리 소개한다. '소개를 잘하면 술이 석 잔이요, 잘못하면 뺨이 석 대'라는 말도 있다. 그만큼 사람을 연결하는 중매쟁이의 역할이 중요하다는 말이리라.

사람의 몸은 어떤가? 사람의 몸과 연필은 어떤 연관관계가 있을까? 글씨를 쓸 때 필요한 연필을 어떻게 사용할까? 우리는 연필을 손가락으로 쥐고 사용한다. 손가락이 몸과 연필을 연계하는 '매개체'가 되는 것이다. 장애가 있어 손가락 대신 발가락이나 입으로 쥐는 사람도 있지만 일반적인 경우는 아니다. 특별히 이들을 장애인이라고 하는데 이들이 잘 활용할 수 있는 '매개체'만 적절하게 제공한다면 사회생활을 하는 데 크게 도움이 될 것이다.

걸음을 걸을 때는 어떤가? 발과 발가락이 있어서 자연스럽게 걸을 수 있다. 몇 년 전에 끔찍한 뉴스를 접한 기억이 난다. 보험금을 타려고 일부러 기찻길에서 자기 발목을 절단한 사람의 기사였다. 한때의 잘못된 판단으로 이 같은 잘못을 저지르고 처벌까지 받았지만 걸을 때마다 얼마나 힘들고 불편할까 생각하니 안타까웠다. 최근에도 천연가스 버스가 폭발하는 바람에 양쪽 발목이 절단된 젊은 여성의 사연을 뉴스에서 들었다. 심장이 오그라드는 것처럼 가슴이 아파 눈물이 나왔다. 그녀는 앞으로 발이라는 매개 대신 휠체어를 이용할 것이다. 이처럼 우리 몸에서도 매개는 참으로 중요하다.

서울성모병원 앞 육교
두 장소를 연계하는 매개체의 디자인이 눈에 띈다.

예술의 전당 앞 육교
디자인이 독특한데다 동그란 유리판 위로 물이 흘러내리게 하여 여름철에 시원함을 더해준다.

'건축'에도 '매개'는 반드시 필요하며 대개 공간으로 나타나는데, 매개 공간이 많을수록 고급건축으로 볼 수 있다. 예컨대 동적 공간에서 정적 공간으로 이동하는 경우 즉, 도로에서 건물로 들어가는 것을 생각해 보자. 바쁘게 움직이거나 이동 중인 도로에서 일하거나 쉬기 위해 정적 공간인 건물로 들어설 때 사람의 정서적·심리적 상황을 완충해주는 매개 공간으로 '마당'이 있다. 또 건물의 외부에서 내부로 들어갈 때 신발을 벗는 등 완충을 위한 매개 공간으로 '현관'이 있다.

집 안에서도 내부와 외부를 연계하는 반 외부, 반 내부 성격의 발코니가 있어서 이곳에서 빨래를 말리거나 바람을 쐬는 등 실내에서는 하지 못하는 다양한 체험을 할 수 있다. 매개 공간은 건축에서 다양한 경험을 할 기회를 주며 건물의 가치를 높이는 역할도 한다. 한옥에서도 처마 밑 공간은 내부와 외부를 연계하는 중요한 매개 공간이다. 또 마루는 방으로 들어가기 전 매개 공간이 된다.

서울의 명물인 누에다리
도로로 나뉜 공간을 연계하는 것은 물론 밤마다 화려하게 변신해 볼거리를 제공한다. ⓒ이석주

저급한 건물일수록 이러한 매개 공간이 부족한 반면 내부 공간만 고급스러운 마감 재료를 사용해 사용자의 눈을 현혹하는 건물도 많다. 좋은 건축가가 할 수 있는 중요한 배려 가운데 하나는 바로 이러한 '매개 공간'을 적절하게 계획하는 것이다. 매개 공간은 나중에 사용자의 생활 환경변화에 유연하게 대처하는 방법이 되기도 한다. 필로티나 베란다로 계획한 공간은 가족이 늘어남에 따라 방을 하나 더 늘리는 데 사용된다. 반대로 가족이 줄어서 다른 사람에게 건물 일부를 나누어 쓰게 할 때에도 매개 공간은 유리하게 적용된다.

요즘은 아파트에도 고급형이 등장했다. 고급스러운 이유야 많지만, 그 중 눈에 띄는 것은 마감 재료의 고급화와 다양하고 충분한 매개 공간이 만들어지는 것이다. '전실'은 엘리베이터 홀에서 현관에 이르기 전 공간으

높이가 다른 외부공간을 연계하기 위해 경사로를 설치해놓았다.

도로를 사이에 두고 양쪽에 있는 공원을 다리로 연계했다.

로, 이 역시 고급화의 한 유형이다. 공용공간인 엘리베이터 홀과 자기 집 입구의 일부 공간에 자신과 가족만 이용할 수 있는 공간을 따로 확보해 아파트의 독립성을 최대한 확보한 것인데, 공간에서 다양한 경험을 하는 한 사례다. 앞으로 문화의식이 높아질수록 이러한 욕구는 늘어날 것이다. 이렇듯 다양한 매개 공간을 확보하는 것은 건축과 문화 발전에 아주 중요하다.

엘리베이터와 계단은 1층과 2층을 연계하는 매개 공간이다. 이처럼 평소 무심코 지나쳤던 공간을 살펴본다면 뜻밖에 많은 매개 공간이나 매개체를 발견할 수 있다. 매개체가 없어도 근본적인 것은 해결할 수 있지만 있으면 훨씬 고급스러워진다. 주변의 건물들을 보면서 어떤 매개 공간이 있는지, 어떤 성격의 매개 공간이나 매개체가 추가로 필요한지 살펴보자. 이런 습관은 좋은 건축가가 되거나 좋은 건축을 누리기 위해 꼭 필요한 훈련이다.

원리를
이해하면
응용하기가 쉽다

'원리(原理): 모든 현상이 성립될 수 있는 기본적 원칙'

국어사전에서 원리에 대해 풀이해놓은 것이다. 말 그대로 모든 현상에는 원리가 있다. 원리를 모르고 공부하거나 일을 배운다면 상황마다 모든 것을 하나씩 익혀야 한다. 그러나 어떤 일에 원리를 터득하게 되면 하나를 배울 때 둘을 깨우칠 수 있다. 똑똑한 사람은 셋, 넷, 심지어 열 가지를 깨우치기도 한다.

건축에서도 '원리'는 아주 중요하다. 사람의 삶을 담는 그릇을 만드는 일이기 때문에 '사람의 삶'을 잘 아는 것이 가장 중요하다. '의(衣), 식(食), 주(住)'는 사람의 삶에서 기본이 되는 세 가지 요소다. 백인이든, 흑인이든, 황인이든 가리지 않고 모든 사람에게 똑같이 필요한데, 단지 기후와

풍토, 문화에 따라 약간 변화된 모습으로 나타날 뿐이다. 그중에서도 '주(住)'는 건축과 관계되므로 좀 더 살펴보자.

건축에서 '원리'는 아주 간단하다. 사람이 '잘' 살 수 있게 해주면 된다. 그럼 '잘 산다'는 것은 무엇일까? 사람의 기본적인 성품과 감정을 충분히 누리며 즐겁고 기쁘게 산다는 것을 말한다. 다시 말해 집을 통해 건강하고 행복하게 살 수 있어야 한다. 작게는 자기 자신과 가족의 삶이고, 크게는 이웃과 사회 전체의 삶이 풍성해지는 것을 의미한다. 이런 기본 원리를 생각하며 설계한다면 좋은 건축이 될 것이다. 필자는 그 마음을 '사랑'이라고 한다. 이것은 건축에 녹아 있는 기본적이고 정서적인 원리다.

건물도 유기체와 같아서 사람의 몸을 생각하면 이해하기가 쉽다. 사람의 몸은 기본적인 뼈대가 있고 그 위에 살과 피부가 덮여 있다. 그리고 호흡기, 순환기, 소화기 등으로 구성되어 있고, 마지막으로 '생명'이 있어 삶을 누린다. 건축물에도 사람의 뼈에 해당하는 기본 구조체가 있다. 그 구조가 철근과 콘크리트로 되어 있으면 '철근 콘크리트조'라 하고, 철골로 되어 있으면 '철골조'라 한다. 나무로 되어 있으면 '목구조'라 하고, 벽돌이나 블록으로 되어 있으면 쌓았다는 의미로 '조적조'라 한다. 그 구조체 위에 사람의 살과 피부에 해당하는 '비내력벽체와 마감재'를 시공한다. 여기까지 만들면 어느 정도 건물 모습이 갖추어진다. 그런 다음 사람의 순환기, 소화기, 호흡기 등에 해당하는 공기조화설비, 위생설비, 전기설비, 소방설비 등을 설치한다. 그러면 한 가지만 제외하고 건물은 어느덧 제 모습을 갖추게 된다. 사람에게 그 마지막 한 가지가 '생명'인 것처럼 건축물에도

'생명'에 해당하는 것이 필요하다. 그것은 바로 '사람이 사는 것'이다. 그제서야 비로소 '건물'이 '건축'으로 탈바꿈하게 된다. '사람의 삶'을 담고 있는 큰 그릇, 그것이 바로 '건축'이다.

그럼 '원리를 이해하는 것'이 얼마나 중요한지 좀 더 구체적으로 살펴보자. 주택에서는 겨울철 난방을 하려면 불을 지펴야 하는데 요즘은 보일러라고 하는 기계식 설비로 간단히 해결하기 때문에 오히려 원리에 해당하는 기본 틀을 놓치기 쉽다. 하지만 몇 십 년 전 주택에서는 굴뚝 설치가 상당히 중요한 문제였다. 굴뚝을 잘못 만들어서 안타깝게도 연탄가스 중독으로 사망하는 이들이 많았다.

건물에 난방을 할 때는 보일러를 가동한다. 그리고 이때 발생하는 유해가스가 포함된 연기를 제거하기 위해 '굴뚝'을 설치한다. 굴뚝의 사명은 연기를 빨리, 효과적으로 배출하는 것이다. 지금은 연탄을 사용하는 주택이 드물지만 1990년대 까지만 해도 대다수 주택에서는 난방 재료로 연탄을 사용했다. 연탄으로 불을 지폈다면 굴뚝에서 연기가 올라오는지 꼭 확인해야 한다. 연탄은 불이 잘 붙지 않기 때문에 처음에 불을 지피기가 어려운데다 불이 붙었다 싶어서 방에 들어가면 그사이에 불이 꺼지는 경우도 많다.

그런데 바로 이때 문제가 생긴다. 연탄이 탈 때 발생하는 연기 중에는 '일산화탄소'가 많이 포함되어 있는데 이것은 공기보다 무거워서 불이 꺼져 열기가 식으면 아래로 가라앉는다. 바닥부터 차곡차곡 쌓이다가 방문

오죽헌의 굴뚝
기와와 진흙을 이용하여 굴뚝 본연의 역할 이외에 미적으로도 완성도가 높다. ⓒ정지성

이 굴뚝은 지붕과 어깨를 나란히 하고 싶어 화려하게 치장했나 보다. ⓒ석정민

담장 옆의 소박한 굴뚝이 재미있게 느껴진다. ⓒ장윤희

건축, 생활 속에 스며들다

틈으로 새어 들어오면 온 가족의 생명을 위협하는 치명적인 살인무기가 된다. 만약 이때 아궁이가 있는 부엌의 바깥문이 열려 있다면 연탄가스는 모두 밖으로 나갈 것이다. 그러나 추운 겨울에는 바깥문을 철저히 닫는 터라 연탄가스가 집 안에 남아 있어 위험하기 짝이 없다.

연탄에 불이 잘 붙는다면 뜨거운 열기는 방바닥을 데운 후, 일산화탄소를 포함한 가스는 굴뚝으로 모두 딸려 올라가게 된다. 이때 굴뚝은 연기의 온도가 내려가지 않도록 하는 막대한 임무를 띠게 된다. 한번 연기가 굴뚝을 통해 배출되기 시작하면 그 불이 꺼질 때까지 계속 배출이 잘 된다. 굴뚝은 뜨거운 불을 잘 견뎌야 하지만 보온성도 뛰어난 재료로 만들어야 한다. 차가운 외부 온도 때문에 굴뚝 내부가 식으면 자칫 가스가 역류해서 방으로 들어올 수도 있다. 따라서 굴뚝 아래쪽은 두껍게 만들어 온도를 유지하게 한다. 굴뚝을 만드는 재료로는 흙이나 벽돌 등이 많이 쓰이는데, 연기가 굴뚝을 통해서 빠져나갈 때 가벼운 입자는 날아가지만 무거운 재나 굵은 입자는 굴뚝 하부에 남아 쌓인다. 따라서 연기를 원활히 배출하고 공간을 넓게 쓰려면 아궁이나 굴뚝 밑 개자리에 남은 재를 정기적으로 깨끗하게 치워야 한다.

'원리를 이해하는 것'은 참으로 중요하다. '건축'에 관심을 두고 세밀히 살핀다면 이러한 재미있는 원리를 여러 군데서 발견할 수 있다. 원리를 알면 응용하기가 쉽다. 그러면 건축을 더욱 깊이 있고 재미있게 보는 시각을 가질 수 있다.

건물에도 헤어스타일이 있다

"머리가 그게 뭐야? 하하하."

십수 년 전 이미지 쇄신을 꾀하고자 처음으로 파마를 했을 때 친구들이 보인 반응이다. 헤어스타일이 사람의 인상과 느낌을 완전히 바꿀 수 있다는 말에 많은 사람이 동의할 것이다. 필자도 한두 번 파마를 한 적이 있는데 그때마다 달라진 인상에 주변 사람들이 재미있어하던 기억이 난다. 영국 런던은 개성 넘치는 헤어스타일로 필자에게 강렬한 인상을 남긴 도시다. 1992년 유럽 여행 중 런던에서 축구공 모양의 헤어스타일을 한 남자를 만났다. 런던 사람들은 다양한 개성을 헤어스타일로 표현하는 것 같았다. 지금이야 워낙 축구를 좋아하는 민족이라 그럴 수도 있겠다고 생각하지만 그때는 꽤 충격이었다.

건축물의 지붕은 사람의 머리와 같다. 지붕이 없는 건축물을 건축물이라 부를 수 있을까? 결론부터 말하면 '아니올시다'다. 건축법에서는 '기둥+지붕' 또는 '벽+지붕'이 있는 것만 건축물로 간주하기 때문이다. 지붕은 건축을 완성하는 아주 중요하고도 기본적인 요소다. 이 지붕의 모습과 특성에 대해서 생각해보자. 지붕이 없다면 기능적으로 건축의 목적을 달성할 수 없다. 비나 눈, 추위나 더위 등 자연환경에서 보호받지도 못하고, 생활도 할 수 없을 테니 말이다. 정면, 우측면, 배면, 좌측면에 이어 제5의 입면이라는 지붕은 각 나라와 지역의 기후에 따라 다른 형태로 나타난다. 그리고 시대에 따라 기술이 발전하면서 그 모습이 조금씩 변화했다.

지붕의 가장 큰 목적은 건축을 구성하여 자연환경으로부터 사람을 보호하는 것이다. 먼저 지붕은 비로부터 사람을 보호한다. 그래서 방수가 잘 되는 재료로 지붕을 덮었는데, 지역마다 쉽게 구할 수 있는 재료를 사용

낙안읍성 초가지붕
둥글둥글 부드러운 모습이 멀리 보이는 산을 닮았다. ⓒ정지성

불국사 지붕
중첩된 지붕들이 장중함을 나타내고 있다. 멀리 보수 중인 다보탑을 가려놓은 가림막이 보인다. ⓒ장윤희

했으므로 조금씩 다른 경향이 있다. 우리나라에서는 서민들은 볏짚을 두툼하게 덮은 초가지붕을 만들어서 살았고, 잘사는 양반들은 흙을 구워 만든 기와지붕을 덮어서 살았다. 이때 빗물은 볏짚이나 기와의 골을 따라 지붕 밖으로 버려진다. 강원도에서는 너와집이라 하여 기와 대신 나무를 켜서 만든 널판을 지붕에 인 집도 드물게 찾아볼 수 있다.

다음으로, 지붕은 눈으로부터 사람을 보호한다. 요즘도 농촌에서 폭설 때문에 비닐하우스가 무너졌다는 소식이 심심찮게 들려온다. 새털같이 가벼워 보이는 눈의 무게는 사실 대단하다. 그래서 눈이 많이 오는 나라의 지붕은 눈이 지붕에 쌓이지 않고 빨리 떨어지게 하려고 경사를 매우 가파르게 만든다. 독일의 북부지방이나 알프스에 있는 건물들의 사진을 달력에서 본 적이 있을 것이다. 우리와는 사뭇 다른 풍경이라 이국적이고 예뻐 보이지만 사실은 환경에 적응하기 위한 몸부림이다.

또 지붕은 바람으로부터 사람을 보호하면서 동시에 건축 스스로 보호하기도 한다. 예부터 제주도는 바람, 돌, 여자가 많다고 하여 삼다도라 불렀다. 그런 제주도의 전통 지붕은 어떠한가? 초가긴 한데 육지의 것과는 조금 다르다. 지붕이 낮은 것은 물론이고 지붕을 새끼줄로 꽁꽁 동여 움츠린 듯한 모습을 하는 것은 바람의 영향을 최대한 덜 받기 위해서다.

경주 양동마을
중첩된 기와지붕이 초록의 자연 속에서 멋스럽게 자리하고 있다. ⓒ장윤희

　　지붕의 기본 목적이 달성되었다면 더불어 아름다움을 겸비한 멋진 스타일이 필요하다. 철근콘크리트가 발명되기 전에는 주변에서 쉽게 구할 수 있는 재료로 경사가 있는 지붕을 만들었다. 그런데 오늘날 철근콘크리트를 본격적으로 사용하면서 건물의 지붕이 평평해졌다. 각 지역의 특성을 잘 보여주던 지붕 모습은 새로운 건물에서는 거의 사라지고 지금은 세계적으로 비슷한 건물이 많이 생겨나고 있다.

　　콘크리트로 지은 집의 지붕은 경사가 있더라도 처마가 짧은 편이다. 콘크리트 벽이 물에 잘 견디기 때문이다. 반면, 목조주택이나 흙벽으로 지은 한옥의 지붕은 처마가 길게 내밀어 있는 편이다. 지붕에서 떨어지는 물이나 빗물이 직접 벽에 닿지 않게 하기 위해서다. 방수가 잘되지 않는 흙벽에 물이 직접 닿으면 건물이 해를 입는다. 경사지붕이든 평지붕이든 나름대로 지역 특성을 반영하여 건물의 기능과 아름다움을 위해 마감 재료를 사용한다. 마감 재료의 가장 중요한 조건인 방수문제와 내구성만 해결된다면 무엇이든 마감 재료로 사용할 수 있다. 하지만 실제로 그럴 수 있는 재료는 생각보다 많지 않다.

오늘날 주로 사용하는 재료인 기와는 흙으로 구웠다. 금속재료 중에는 동판, 녹이 슬지 않도록 처리한 아연도금 철판이 있다. 드물게는 바탕에 방수를 확실히 한 후 타일을 붙이기도 하며, 아트리움이라 불리는 공간의 지붕은 유리를 쓰기도 한다. 콘크리트와 금속성의 마감 재료 덕분에 요즘 건축물들은 과거에 생각지도 못했던 다양한 형태의 지붕을 가질 수 있게 되었다. 그래서 건물을 보는 즐거움이 더해졌고, 멋스럽게 뽐내고 서 있는 건물들도 어렵지 않게 볼 수 있다. 마치 공연을 위해 한껏 멋을 낸 연주자의 헤어스타일처럼 말이다.

프랑스 파리 근교 라데팡스에 있는 셸 구조 건축물
겉모습은 마치 조개껍데기를 형상화한 듯하다.

셀 구조 건축물의 내부
기둥이 전혀 없고 모든 구조 내력은 조개껍데기처럼 생긴 지붕이 받는다.

파리 근교 라빌레트 공원에 있는 음악학교
움직이는 선율을 형상화한 듯한 지붕이 매우 율동적으로 느껴진다.

뉴질랜드의 오클랜드 해변에 있는 테라스하우스
경사지를 잘 활용한 이 건축물은 자연 앞에 겸손한 모습을 보여준다.

삼풍백화점이 무너졌습니다

사람을 살리는 건축

사람을 죽이는 건축

계단과 주 출입구의 관계

계단의 올라가는 방향, 내려가는 방향

CHAPTER 04

건축, 사람을 살리거나 죽이거나

삼풍 백화점이 무너졌습니다

"속보입니다. 삼풍백화점이 무너졌습니다."

1995년 6월 29일, 서울의 강남에서 역사상 가장 처참하고 비극적인 사건이 터졌다. 삼풍백화점이 무너진 것이다. 사고 소식은 오후 5시가 조금 지난 시간에 라디오를 통해 흘러나왔다. 평소와 다름없이 평화롭게 일하던 사람들은 뉴스를 접하고 어리둥절했을 것이다. 필자와 동료도 한마디씩 했다.

"무슨 방송이 저래? 백화점이 무너졌다니."
"백화점 벽이 조금 부서지거나 건물 일부에 손상이 갔다고 하면 될 걸. 과장이 심하잖아."

1995년 6월 29일 삼풍백화점이 무너졌다. 이 사고로 501명이 사망하고 937명이 부상을 당했다.
ⓒ연합뉴스

그런데 뭔가 심상치 않은 기운이 느껴졌다. 결국 필자는 서둘러 일을 마치고 삼풍백화점으로 달려갔다. 현장에 도착한 후 눈앞에 펼쳐지는 낯선 광경에 아연실색할 수밖에 없었다. 크고 화려했던 백화점 건물은 온데간

1995년 7월 기독신문에 실린 필자의 인터뷰

데없고 잔해만 마치 폭격을 받은 것처럼 흩어져 있었다. 시커먼 석면 덩어리가 하늘을 날아다니고 주변에는 시멘트 가루, 흩어진 옷가지와 물건들이 널브러져 있었다. 피를 흘리며 구조대의 들것에 실려 나오는 사람들과 허둥지둥 뛰어다니며 피할 곳을 찾는 사람들 때문에 그야말로 전쟁터 같았다.

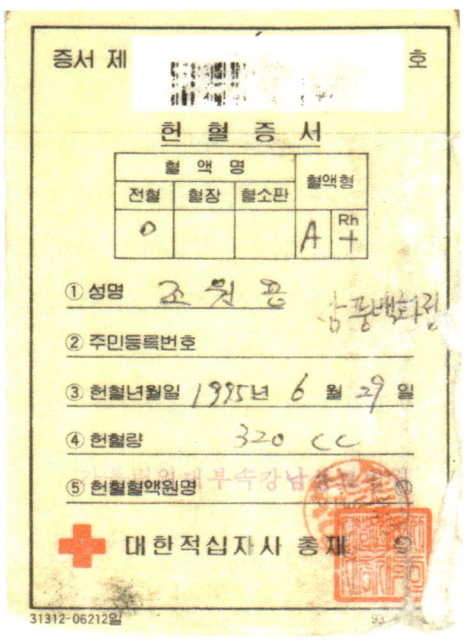

당시 헌혈을 하고 받은 헌혈증서

정신을 차리고 그곳에서 할 수 있는 일이 무엇일까 생각했다. 그렇다. 헌혈이었다. 마침 멀지 않은 곳에 서울성모병원이 있었다. 자전거를 타고 정신없이 병원 응급실로 달려갔다. 하지만 상황을 몰랐던 병원에서는 수혈용 피가 많이 있어서 헌혈을 받지 않는다고 하는 것이 아닌가. 지금 큰일이 나서 피가 많이 필요할 테니 헌혈해야 한다고 옥신각신하는 사이, 수많은 사람이 헌혈하러 몰려들었다. 그제야 병원에서도 사태를 파악했는지 헌혈할 수 있도록 준비해주었다. 헌혈하는 사람들을 보니 가슴이 뭉클해졌다. 타인의 어려움을 자기 일처럼 생각해 피라도 나누고픈 우리나라 국민의 뜨거운 사랑에 감동했기 때문이다.

그 다음 날부터 야간 봉사활동을 자원해 그곳에서 3일간 일했다. 낮에는 회사에서 일하고 퇴근한 후에는 아침까지 그곳에서 인명구조 봉사활동을 했다. 백화점이 무너진 다음 날 밤 퍼붓듯이 쏟아지는 빗줄기를 맞으며 주변 주유소를 찾아 뛰어다녔던 기억이 난다. 인명을 구조하기 위해 지하에서 벽을 깨는 데 사용하는 '해머 드릴' 연료를 구하기 위해서였다. 그때 건물 잔해에 깔린 생명을 살려달라고 하늘을 향해 외쳤던 가슴 울림이 지금도 느껴지는 듯하다. 지상 5층 건물이 지하 2층 깊이까지 내려앉았으니 생존자가 있을 리 만무했다. 하지만 그 속에서 생명의 끈을 놓지 않고 죽음과 싸우며 며칠씩 버티다가 마침내 구조되는 사람들이 있었다. 이들을 보는 감격은 현장에 있지 않았던 분들은 잘 모를 것이다.

지하 2층에서 지하 4층을 오가며 무너진 잔해 사이에 조그만 틈이라도 있으면 "사람 있어요? 소리 좀 내주세요."라고 목이 터지라 외쳤다. 그때 무너진 건물 속을 기어 다니며 떠올랐던 생각이 바로 '건축은 사랑이다.'였다. 진심으로 사랑을 담아 건축을 하면 건물이 왜 무너지겠는가? 내 부모, 내 형제가 살 집을 짓듯이 사랑으로 건축했더라면 말이다.

지하에서 구조작업을 하는 동안에도 건물은 우르릉 쾅쾅 굉음을 여러 번 내며 구조작업을 하는 사람들을 불안하게 했다. 목숨을 걸고 다른 사람의 생명을 구하는 데 열중하던 사람들조차 긴장감을 놓지 않다가 건물이 무너질 것 같은 소리가 날 때마다 '무너지면 나도 죽는다'라는 생각에 자동차용 경사로 쪽으로 죽을힘을 다해 뛰었다. 그러면서 위험에 처했을 때 목숨을 보전하고자 하는 것은 '본능'임을 다시 한 번 느꼈다. 한번은 굉음에 놀라 경사로를 향해 힘껏 도망치는데 함께 그 자리를 급히 피하던 구급차가 경사로를 올라가지 못해 쩔쩔매고 있었다. 많은 비가 내린 탓에 경사로는 진흙 범벅이 되어 몹시 미끄러웠다. 결국 구급차는 계속 헛바퀴를 돌다가 바퀴가 터지고 말았다. 그 차를 지나쳐 달려 나오면서 얼핏 본 당황하던 운전자 모습이 지금도 생생하게 떠오른다. 하지만 그 와중에도 자기 혼자 도망가기를 멈추고 구급차를 밀어서 바깥으로 나올 수 있도록 돕는 사람들도 몇몇 있었다. 다행히 건물이 다시 무너지지는 않았지만 잠시 후 밖에서 그들을 다시 보았을 때 얼마나 부끄러웠는지 모른다. 죽을 각오로 그곳에 들어가서 자원봉사를 했는데, 위험에 처했을 때 나 혼자 살겠다고 도망치다니…….

마음을 추스른 후 나왔던 길로 또다시 들어가 그렇게 보낸 3일은 평생 깊은 의미로 마음속에 자리 잡고 있다. 그때 현장에서 보았던 일그러진 안경테와 지하 2층 깊이에 있던 옥상의 방수제 조각은 건축사인 필자에게 지금도 교훈을 주고 있다. '건축은 사랑'이라고 말이다.

사람을
살리는
건축

길에서 갑자기 큰비나 눈을 만나면 피할 곳을 찾게 된다. 주로 가까운 건물로 들어가거나 처마 밑 공간 또는 큰 나무 아래에서 급한 상황을 모면한다. 때로는 비가 너무 많이 와서 홍수가 나면 건물의 높은 곳으로 올라가 목숨을 건지기도 한다. 건축은 이렇듯 사람이 어려움에 닥쳤을 때 그 어려움을 해결하고 도움을 받기 위해 만들었다. 건축이 있기에 눈, 비, 바람 등 자연으로부터 보호받을 수 있었고, 수렵생활을 하던 사람들은 동물의 공격에서 자신과 가족을 보호할 수 있었다.

건축이 사람을 보호하고 살릴 수 있는 것은 벽과 지붕이라는 단단한 '껍데기'와 그 껍데기로 둘러싸인 '공간'이 있기 때문이다. 사람은 사회적

동물이기 때문에 서로 관계를 맺으며 살지만 그 안에서도 남과 구별되는 자기만의 영역을 갖고 싶어 한다. 또 그렇게 자기 것을 한정 지으며 살고 있다. 남과 섞이지 않고 가족끼리 독립적으로 가정을 이루어 사는 것이 그렇고, 한 가족끼리도 각자 자기 방을 따로 사용하는 것이 그렇다. 이렇듯 영역을 구분 지어주는 것이 건축의 단단한 껍데기 역할이고, 그로써 분할된 공간에서는 다양한 삶이 만들어진다. 쉽게 말해 건축의 껍데기로 만들고 나눈 공간에서 사람이 산다고 할 수 있다.

네덜란드 친환경 주택
자연과 더불어 살아가는 것이 가장 행복하게 사는 좋은 방법이다. ⓒ서동구

오스트레일리아에 이민 와서 사는 한 가족의 일상
여유로운 모습이 평화로워 보인다.

건축은 사람을 살리기 위해서 만들어졌다. 인류는 자신과 가족의 생존을 위해 건축을 해왔다. 그리고 그곳에서 행복하기를 원했다. 다시 말해 선한 목적으로 건축에 임한 것이다. 건축은 사람의 몸만 살리는 것이 아니다. 몸을 쉬게 함으로써 영혼이 다시 힘을 얻고 살아나게도 한다. 〈즐거운 나의 집〉에서 '내 쉴 곳은 작은 집 내 집뿐이네.'라고 했듯이 집은 그야말로 건축의 원초적 목적을 순수하게 갖춘 곳이다. 위험에서 보호받을 수 있고, 피곤한 몸을 누일 수 있으며, 편안히 쉴 수 있는 곳이다. 아침에 집을 나와 온종일 힘들고 피곤하게 일했더라도 저녁이면 꼭 돌아가고 싶은 곳이 바로 '집'이다.

집에는 아이의 건강한 웃음이 있고, 아내의 애교와 남편의 미소가 있다. 가족의 행복한 향기가 가득 차 있다. 일터에서 힘들게 일하고 돌아와 편안히 마음을 내려놓고 웃을 수 있는 곳이 집이다. 남녀노소 누구든 집에서는 군림하지 않고 서로 위한다. 아빠가 엄마에게, 엄마가 아이에게, 아이가 아빠에게 관심과 사랑을 나눠주는 공간이다. 그곳이야말로 사람을 살리는 천국이 아니겠는가? '가정', 다시 말해 '집'이야말로 진정으로 사람을 살리는 대표적 건축이다.

사람을
죽이는
건축

영국 총리를 지낸 윈스턴 처칠은
'사람은 건축을 만들고 건축은 사람을 만든다'라고 했다. 건축이 사람에게 미치는 영향이 얼마나 중요한지를 강조한 말이다. 건축의 목적은 분명하다. 사람의 삶을 담는 것이다. 다시 말해 사람을 살리고 그 안에서 사는 이의 행복을 만들어가는 것이다. 그런데 이런 행복한 삶을 도와야 할 건축이 오히려 사람을 죽이고 불행을 조장한다면 그것은 실로 중대한 문제가 아닐 수 없다.

필자는 학창시절 '산교육'이라는 말을 많이 들었다. 학교에 다니면서 배운 지식으로 살아가는 데 도움을 받고 있다면 그것이 산교육이다. 그런데 지금 돌아보면 무엇이 산교육이었는지 잘 모르겠다. 고등학교 이전은 물론이고 대학 때조차 배운 지식과 학습으로 인생을 살아가는 데 크게 도움을 받았는지 얼른 기억나지 않는다. 지금도 마찬가지다. 학생들은 시험과 진학을 위한 공부에만 매달리느라 '인생을 행복하게' 사는 방법을 배우지 못한다. 사람이 어려운 일에 맞닥뜨렸을 때 거기서 벗어나기 위해 안간힘을 쓰는 것은 당연하다. 자신을 보호하기 위해 본능적으로 어떤 행동을 취하게 된다. 하물며 생명에 위협을 받거나 위험을 느낀다면 어떻겠는가? 그 상황에서 살아나기 위한 훈련과 연습을 하는 것은 무척 중요하다. 일본은 지진에 대비한 훈련을 어릴 때부터 적극적으로 한다. 지진 징후가 나타날 때마다 얼른 책상 밑으로 들어가 머리를 감싸고 웅크려 떨어지는 물건 때문에 다치지 않도록 하는 등 여러 상황에서 자기 생명을 보호하고 위험에 대처하는 연습을 한다. 물에 빠졌을 때 다른 사람까지 구할 수 있는 능력이 있으면 좋겠지만 그렇지 못하더라도 자기 자신만은 스스로 구할 수 있어야 한다. 따라서 수영은 생명을 보존하는 데 아주 중요한 기술이다.

사람은 살아 있어야 사람이다. 죽으면 더는 사람이 아니다. 살아 있어야 사람으로 인정받고 존귀함도 누린다. 사람이 죽으면 이미 몸의 자유가 없는 시신이 되고 얼마 후에는 썩어서 흙이 되고 만다. 살아 있는 동안 생명의 기쁨을 충분히 누리고 행복하게 세상을 떠난다면 참으로 아름다운 일이겠지만 불의의 사고로 목숨을 잃는 경우가 얼마나 많은가? 전쟁보다 더 무서운 것이 교통사고고, 호랑이보다 더 겁나는 괴물이 산업현장에서 발생하는 사고나 재해가 아닐까 싶다.

건물에 불이 나면 그 안에 있는 사람들은 본능적으로 살아야 한다는

이천 냉동창고 화재
2008년 1월 7일 발생한 이 화재로 40명이
목숨을 잃었다. ⓒ장영호

생각에 문과 계단을 찾아 뛴다. 이때 꼭 기억해야 할 것은 불이 나면 그에 따라 정전이 된다는 것이다. 불 때문에 엄청난 두려움이 몰려오는데 정전까지 되어 깜깜하니 그 공포감을 어찌 말로 다할 수 있을까? 어쨌든 사람들은 밝은 곳을 찾아 허둥지둥 움직인다. 이는 누가 가르쳐줘서가 아니라 본능에 따른 것이다. 위험 정도에 따라 움직이는 긴박함은 다르겠지만, 문을 열고 계단을 내려와서 밖으로 나와야 비로소 안도의 숨을 쉴 수 있다. 따라서 자신이 늘 이용하는 건물의 비상구나 비상계단의 위치를 알아두면 만약의 사고에 대비해 생명을 보존할 수 있다.

요즘은 건축기술도 발달하고 기계설비도 좋아져 고층 빌딩이 많이 생겨났다. 주거시설도 예외는 아니다. 많은 사람이 아파트를 선호하는 것도 이러한 기술력이 충분히 뒷받침되기 때문이다. 엘리베이터는 수직 동선으로 이동하는 데 필수 요소가 되었다. 하루도 엘리베이터를 이용하지 않는 날이 없는 사람도 많다. 이처럼 엘리베이터는 분명 편리한 도구지만 조심해야 할 부분도 있다. 엘리베이터 출입문은 2중으로 되어 있다. 각층의 대기홀에서 열리는 문과 실제 움직이는 엘리베이터 승강기에 부착된 문이 만났을 때 비로소 2중 문이 함께 열린다. 다시 말해 각층의 엘리베이터 홀에 엘리베이터가 도착하지 않았을 때 문이 열리면 절대로 안 된다. 만약 엘리베이터가 도착하지 않았는데 문이 열리기라도 한다면 수십 미터 낭떠러지로 떨어질 수 있다. 그래서는 안 되겠지만 기계 오작동으로 그런 일이 몇 차례 일어났다. 따라서 엘리베이터 문이 열렸을 때 반드시 바닥이 있는지 확인하고 타야 한다. 필자의 아이가 어렸을 때 늘 안전을 강조하며 귀에 못이 박이도록 해준 말이 바로 "엘리베이터 문이 열리던 꼭 바닥이 있는지 확인하고 타거라!"였다.

아이는 그 말을 실천하며 자랐고 안전에 남다른 관심을 두고 생활한다. 또 한 가지 중요한 것은 엘리베이터 문에 몸을 기대서는 안 된다는 것이다. 엘리베이터 문은 건축물의 일반 문과는 다른 구조로 되어 있다. 일반 문은 문의 위와 아래를 경첩으로 튼튼하게 붙잡고 있지만, 엘리베이터 문은 위쪽만 부착되어 있고 아래쪽은 깊이가 10mm도 안 되는 레일에 살짝 걸려 있다. 그래서 문을 세게 밀면 문 아래쪽이 레일에서 이탈하며 밀던 사람은 그사이 공간으로 추락하게 된다.

몇 년 전에 어처구니없는 일이 일어났다. 엘리베이터 홀에서 두 남자가 싸우며 엘리베이터 문으로 서로를 세게 밀쳤다가 둘 다 추락해서 사망한 것이다. 또 얼마 전에는 전동휠체어를 탄 장애인이 지하철 역사에 있던 엘리베이터를 타기 위해 갔는데, 먼저 타고 있던 사람이 문을 닫고 출발한 탓에 화가 나 전동휠체어로 문을 세게 들이받았다가 문 아래쪽 레일이 빠지면서 밀리는 바람에 추락해서 사망한 사고도 있었다. 엘리베이터 승강로 아래쪽에는 혹시 모를 엘리베이터 추락을 대비해 강력한 강철 스프링

2중 구조로 되어 있는 엘리베이터 문
외부 문과 내부 문 사이에 분리된 틈이 있으며, 문은 아래에 파인 홈에 살짝 걸려서 움직이는 구조로 되어 있다.

엘리베이터에는 손을 대거나 기대지 말라는 주의 표시가 붙어 있다.

이 설치되어 있어 승강기가 곧장 바닥에 부딪히지 않도록 완충작용을 한다. 하지만 승강기가 아닌 사람이 떨어진다면 생각하기조차 끔찍할 정도로 처참한 사고가 벌어진다. 어찌 되었든 엘리베이터는 매일 이용하면서도 반드시 조심해야 할 문명의 도구다.

우리나라는 그동안 지진이 거의 일어나지 않았다. 하지만 최근 지진 징후가 많이 나타나 이제는 안심할 수 없는 상황이 되었다. 수년 전 아이티에서 발생한 지진 피해 상황을 텔레비전으로 보았다. 그런데 어마어마한 피해 원인이 건축물에 있음을 쉽게 알 수 있었다. 물론 대통령궁까지 파괴될 정도로 지진이 강력했지만, 건축물을 내진구조로 짓지 않아서 지진의 직접 피해보다는 건축물 붕괴에 따른 2차 피해가 훨씬 컸을 것이다.

우리나라도 이제는 내진구조로 건축물을 지어야 한다. 비용 좀 줄인다고 철근 몇 가닥 덜 넣거나 내진설계에 맞게 시공하지 않으면 만일의 사태에 대처하지 못한다. 1995년 일본 고베에 대지진이 일어났다. 당시 많은 건축물이 무너졌지만 일본의 유명한 건축가 안도 다다오가 설계한 주택들은 무너지지 않았다. 안도 다다오는 원래 유명한 건축가였지만 그 일로 세계적으로 더욱 유명해졌다. 그는 노출콘크리트를 즐겨 사용하는데, 노출콘크리트 구조체가 강력한 내진구조로 설계되어 엄청난 지진에도 견뎌낼 수 있었다.

한편, 아파트를 비롯한 발코니 난간에서 추락하는 일도 꽤 많다. 높이 규정을 잘 지켜야 하는 것은 물론이고, 난간을 설치할 때 안전문제가 일어나지 않도록 튼튼하게 시공해야 한다는 것은 굳이 말할 필요가 없다. 건축하면서 잘 살자고 했지 못 살거나 죽자고 하지는 않았을 것이다. 그런데도 실제로 건축물이 사람에게 위험요소로 작용하는 일은 적지 않게 일어난다. 앞으로 이 건축물에서 살게 될 사람을 사랑하는 맘으로 설계하고 시공한다면 건축물이 사람을 위험에 빠뜨리거나 죽게 하지는 않을 것이다. 지금 당장에라도 내가 사는 집에 불이 나거나 지진이 난다면 어떻게 피난해야 할까 연습이라도 해두자. 그런 일이 일어나서는 안 되겠지만 소화기가 어디에 있는지 살피고 피난 계단은 어디에 있는지 눈여겨보자. 아파트에 불이 나면 엘리베이터를 이용할 수 없으므로 고층아파트에 사는 사람들은 가끔 계단을 걸어 다니는 연습도 해야 한다. 지금 사는 곳이 세상에서 가장 소중한 존재인 나 자신을 보호할 수 있는 곳인지, 안전한 삶을 영위하는 데 도움이 되는 건축인지 살펴보자.

계단과
주 출입구의
관계

우리는 주 출입구를 통해서 건물에 들어간다. 그다음 계단으로 걷거나 엘리베이터를 타고 원하는 층까지 올라간다. 그런데 개인 주택이 아닌 불특정 다수가 사용하는 건물에서 계단을 찾지 못해 헤맨다면 그 건물은 설계가 잘되었다고 보기 어렵다. 여러 사람이 사용하는 건물일수록 동선을 명쾌하게 구성해야 하기 때문이다. 출입구에 들어섰는데 계단을 찾지 못해 여기저기 기웃거린다면 그것도 우스운 일이지만 그런 사람들이 여럿이라면 건물에 문제가 있는 것이다.

거꾸로 건물에 예상치 못한 위험이 닥쳤을 때 긴급히 피난해야 하는데, 계단이나 엘리베이터를 이용해 내려온 후 출입문을 찾지 못해 사람들이 엉긴다면 그 피해는 실로 엄청나다. 따라서 주 계단과 주 출입구의 관계는 매우 단순하고 명쾌해야 한다. 사람은 약간만 긴장해도 이성을 잃고 본능에 따라 움직이는데, 불이 나거나 위급한 상황에서는 오죽하랴? 더구나 많은 사람이 한꺼번에 움직이면 흐름에 밀려 자신이 원하는 방향으로 갈 수 없는 때도 있다.

이렇듯 생존과 본능에 따른 움직임이 예상되는 주 계단과 주 출입구의 관계는 단순할수록 좋다. 1층까지 계단으로 내려온 후 바로 출입구가 보이는 직선상 위치가 가장 바람직하다. 그래야 많은 사람이 혼란 없이 서둘러 건물에서 빠져나올 수 있기 때문이다. 단, 로비나 홀이 넓은 경우, 주 출입구가 계단 정면에 있지 않더라도 찾기 쉽다면 무방하다. 하지만 계단을 내려온 후 출입구가 180도, 즉 반대편에 돌아서 있다면 급한 상황에서는 찾기 어려울 것이다. 그뿐 아니라 출입구의 밝은 빛을 보지 못해 지하까지 계속 내려가기라도 하게 되면 끔찍한 일이 벌어지고 마는 것이다.

주 계단과 주 출입구 사이에는 대부분 홀이나 로비가 있다. 이 공간은 좁은 복도공간보다 햇빛도 잘 들고 훨씬 밝게 계획되어 있다. 공간도 상대적으로 넓은 탓에 건물에 들어서면 밝고 확 트인 기분이 들기도 한다. 그 결과 많은 이가 공간을 쾌적하게 이용할 수 있다. 참고로 홀이 밝으면 피난 시 계단을 내려왔을 때 밝은 홀을 통해 주 출입구를 더 빨리 인지할 수 있어 밖으로 나가기가 쉽다.

건물은 들어가는 것도 중요하지만 잘 빠져나오는 것이 더 중요하다. 주 출입구를 통해 밖으로 나온 후에라야 위험에서 벗어날 수 있다. 이러한 이

서울 도심에 있는 업무용 건물의 홀
오른쪽으로 계단과 엘리베이터가 있으며 왼쪽으로 주 출입구가 보인다.
계단으로 피난 층까지 내려왔으면 주 출입구를 빨리 찾을 수 있어야 한다.

유 때문에 건축설계를 할 때부터 주출입구와 주계단의 관계는 동선의 흐름을 명확하게 하는 것이 좋다. 디자인을 한다는 핑계로 피난에 가장 중요한 동선을 복잡하게 해서는 절대 안 된다. 주출입구에 들어서면 주 계단을 찾기 쉬워야 하고, 주계단에서는 주출입구가 바로 보이도록 계획하는 것이 사람을 살리는 건축의 기본임을 명심하자.

계단을
올라가는 방향,
내려가는 방향

　　　　　　　　계단을 이용해 아래층에서 위층으로 올라갈 때
계단이 어느 방향으로 돌아 올라가는지 생각해본 적이 있는가? 시계방향이었을까, 아니면 반시계방향이었을까? 이 엉뚱한 질문에 고개를 갸우뚱하거나, 난생 처음 이런 질문을 받은 사람도 많을 것이다. 어떤 이는 힘이 센 오른손에 짐을 들고 올라가려면 반시계방향으로 오르게 되어 있어야 한다고 말한다. 다른 이는 힘센 오른손으로 계단 난간을 붙잡고 올라야 하기 때문에 시계방향으로 오르게 되어 있어야 한다고 주장한다.

　　어느 방향이 되었든 목적한 층에 올라갈 수 있기 때문에 돌아 오르는 방향은 건축가들조차 아주 하찮게 여기거나 전혀 고려하지 않는다. 하지만 돌아 올라가거나 내려가는 계단의 방향이 정말 중요하지 않은 것일까?

앞에서 건물의 위급한 상황을 생각해보았다. 그때 계단과 주 출입구의 관계가 간결하고 명확해야 하며 동선길이도 길지 않아야 한다고 했는데, 계단이 도는 방향도 이와 같은 맥락에서 보아야 한다.

육상에서 트랙을 도는 방향을 생각해보라. 시계방향으로도 돌고 반시계방향으로도 도는가? 전혀 그렇지 않다. 오직 반시계방향으로 돌며 경주한다. 여기에는 여러 가지 학설이 있는데, 모두 인간의 신체조건과 긴밀한 관계가 있다. 그중 하나는 '뇌 과학이론'이다. 이는 오른쪽 두뇌가 왼쪽 두뇌보다 공간지각력이 뛰어나기 때문에 왼쪽 눈으로 볼 때 시야가 넓고 편하다는 것이다. 다른 이유로는 심장이 왼쪽에 자리한 탓에 왼편을 안쪽으로 해서 걷거나 달리다 보면 오른편보다 왼편이 움직이는 거리가 더 짧아진다. 결국, 이것은 왼편에 있는 심장이 움직이는 거리를 상대적으로 줄여주기 때문에 무리를 덜 주고 보호하기 위한 이유가 된다고 한다. 이에 대해서는 또 다른 학설도 있을 것이다.

오른손잡이와 왼손잡이가 트랙을 돌 때 방향에 대한 안정성이 서로 다르게 나타난다고 한다. 이는 실험으로도 확인되었다. 오른손잡이에게는 반시계방향으로 트랙을 도는 것이 좀 더 유리하다. 우리나라는 오른손잡이가 왼손잡이보다 절대적으로 많지만, 미국 등 서구 사회에는 왼손잡이가 우리나라보다 상대적으로 많다. 그럼에도 세계 모든 나라에서 트랙의 도는 방향은 항상 반시계방향이다. '규칙'을 정하기 위해서는 어떤 '약속'이 필요했기 때문일 것이다. 모든 사람이 만족할 만한 완벽한 동의를 얻을 수 있으면 좋겠지만 그럴 수는 없기에 다수 입장을 수용한다. 트랙이 왼손잡

올라가는 방향이 반시계방향이고
내려가는 방향이 시계방향인 계단

내려가는 방향이 반시계방향인 계단
외기에 면해 있고 넓어서 사용하는 데 불편하지 않아 보인다. 이처럼 계단은 피난방향이 반시계방향이 되도록 하는 것이 좋다.

이 전용으로 만들어진다면 시계방향으로 돌도록 계획하는 것도 가능하리라. 하지만 공식기록으로 채택되지는 않을 것이다. 바로 '규칙'에 어긋나기 때문이다.

   이러한 이유는 계단에도 적용해야 한다. 위험상황에서는 이성보다 본능에 따른 움직임이 훨씬 강하게 작용한다. 특히 건물의 위험은 수많은 사람에게 직접적으로 한꺼번에 피해를 준다. 모두 본능에 따라 움직이므로 이때는 이성적인 한두 사람의 주장은 전혀 효력이 없다. 오로지 살겠다는 다수의 동물적 본능만 남는다. 특히 건물에 불이 나면 일단 정전이 되기 때문에 엘리베이터는 아예 멈춰버리고, 수직 동선의 유일한 피난수단인 계단을 이용할 수밖에 없다. 그렇기에 계단은 반드시 외부에 면해서 전기가 들어오지 않더라도 햇빛으로 채광하고 환기할 수 있어야 한다. 그런데 설상가상으로 이마저 원활하지 않은 밤에 위험을 맞닥뜨린다면 그저 본능만이 삶의 동아줄이 될 것이다. 만약 계단이 외부에 직접 면해 있지 않다면 반드시 비상발전기로 전기를 공급해야 한다.

계단은 수직 동선의 통로로 지하보다는 지상에 거주자가 더 많게 마련이다. 따라서 피난할 때 지하에서 지상으로 오르는 방향보다는 지상에서 지면, 즉 땅으로 내려오는 방향이 더 중요하다. 이때 운동장 트랙을 도는 원리를 적용한다면 피난하기 위해 계단을 내려오는 방향은 반시계방향이 되고, 반대로 계단을 오를 때는 시계방향이 되는 것이다.

이러한 생각도 동선의 구성, 접근성 등을 고려하여 설계하다 보면 적용하지 못하는 때도 있다. 그래도 나름대로 이 원칙을 지켜 가려 한다. 법으로 정해놓아 강제성이 있는 것도 아니고 누가 알아주지도 않는다. 그러나 사람을 사랑하고 생명을 존귀하게 여기는 건축가의 마음은 설계도면 곳곳에서 향기를 발한다고 믿기 때문이다.

양쪽으로 올라가고 내려갈 수 있게 계획한 계단. 건물의 중앙부에 있다. 앞에서 제시한 두 사진의 계단은 이 건물의 양쪽 끝에 있다.

노인들이 계시는 집에는
손으로 문을 열 수 없다면
점자블록은 자전거도로의 경계표시용?
휠체어의 작은 바퀴는 어디에 있을까?
어린이를 위한 건축

ⓒ 석정민

CHAPTER 05

건축, 사람이 먼저다

노인들이 계시는 집에는

장인어른이 뇌경색으로 쓰러지신 후 장모님은 참으로 희생적인 삶을 사셨다. 그동안 큰 고비가 몇 차례 있었지만, 그때마다 장모님의 헌신적인 노력과 봉사는 장인어른이 삶에 대한 끈을 놓지 않도록 하는 데 큰 힘이 되었다. 장인어른은 그로부터 18년이 된 지금까지 비교적 건강하게 삶을 누리고 계신다.

몸이 불편하신 처가 어른들을 가까이서 모시고 살면서, 장인어른을 돌보는 장모님을 볼 때마다 안타까움을 금할 수 없었다. 남들이 보기에는 연약한 할머니에 불과하지만 남편을 돌보느라 장정 몇 사람 몫의 일을 해내신다. 그렇지 않아도 무릎이 좋지 않아서 걷기도 어려우신데 몸집이 큰 남

뉴질랜드에서 만난 노부부
부부가 오랫동안 함께하는 모습이 아름다워 보인다.

편을 일으키고 눕히고 목욕시키고 화장실 처리까지……. 가혹하리만큼 힘든 일을 아내라는 이유만으로 혼자서 도맡아 하신다. 이럴 때 자식은 마음만 안타까울 뿐 별 소용이 없음을 느낀다.

다른 사람의 도움 없이 거동할 수 있는 노인은 그나마 나은 편이다. 하지만 혼자서는 화장실조차 갈 수 없는 분이라면 건축계획에서부터 여러 가지 사항을 충분히 고려해야 한다. 노인들은 대부분 여러 가지 성인병을 앓고 있다. 따라서 평소에 늘 주의해야 한다. 그중 고혈압은 대표적인 질병인데 혈압이 급작스럽게 올라가지 않도록 유의해야 한다. 노인들은 꼭 병에 걸리지 않았더라도 사회적 약자이기에 건강한 사람의 세심한 보살핌이 필요하다. 그분들은 이미 관절을 비롯한 근육과 신경계가 모두 퇴행되어 있다. 걸음걸이도 젊었을 때 같지 않고, 숨쉬기도 어려울 때가 있다.

건축적으로 이들을 배려하는 방법은 여러 가지가 있겠지만, 평소 놓치기 쉬운 몇 가지만 소개한다. 먼저 사고가 가장 자주 나는 화장실을 살펴보자. 우선 안여닫이로 되어있는 화장실 출입문을 바깥여닫이로 바꾸자. 집을 처음부터 계획해서 설계한다면 노인이 사용하는 화장실은 반드시 바깥여닫이문으로 해야 한다. 고혈압 환자들이 사고를 가장 많이 당하는 곳이 화장실이다. 노인들에게는 변비가 많아 큰일을 볼 때 힘을 너무 쓰다 간혹 뇌혈관이 터진다. 필자는 주위에서 이렇게 세상을 떠난 분들의 이야기를 자주 들었다. 이러한 때라도 시간을 놓치지 않고 빨리 병원으로 옮기면 생명을 건질 수 있다. 그런데 시간을 놓치는 가장 큰 이유는 늦게 발견했거나, 발견했더라도 화장실 변기 앞, 즉 문 뒤에 쓰러져 계셔서 안으로 열리게 되어 있는 화장실 문을 열 수 없기 때문이다. 이때 문을 강제로 밀면 환자에게 2차 충격이 가해져 심한 손상을 입고 피해가 더 커질 수도 있다. 결국 문을 열지 못하고 시간만 끌게 되는 것이다. 하지만 화장실 문을 바깥쪽으로 열 수 있다면 2차 피해 없이 신속하게 후속조치를 할 수 있게 된다.

또 다른 고려사항은 욕조를 너무 크게 하지 말라는 것이다. 노인이 누웠을 때 발이 반대편 욕조 벽에 닿은 채 가슴 이상이 물 위로 나올 수 있는 정도면 충분하다. 고급스러운 것이 좋다고 너무 큰 욕즈를 사용하면 노인은 따뜻한 욕조에서 몸이 늘어져 미끄러지면서 반대편 욕조 벽에 발이 닿지 않아 사고가 날 수 있기 때문이다. 또 벽면에 긴 보조 손잡이 봉을 설치하는 것도 아주 중요한 사항이다.

집 안에서 휠체어를 사용하는 분도 계시다. 장인어른이 그런 케이스다. 장인어른은 휠체어를 타고 방에서 거실로 혹은 식당, 주방으로 아무런 불편 없이 옮겨 다니신다. 문턱이 없기 때문이다. 문턱은 보통 사람에게는 아무 문제가 없지만, 휠체어를 사용하는 사람들에게는 아주 불편하고 높은 걸림돌이 된다. 나아가 보호자에게는 힘을 두 배로 들게 하는 아주 괴로운 존재다. 목발을 짚거나 지팡이를 사용하는 분들에게는 벽에 손잡이를 붙이는 것도 큰 도움이 된다. 계단 난간은 참 중간에서도 손잡이가 끊어지지 않게 연속해서 설치해야 한다. 이때 이용하는 사람의 키를 고려하여 난간 중간에 손잡이를 한 번 더 설치하는 2중 손잡이도 유용하다.

노인이 건강해 보이더라도 이를 곧이곧대로 믿어서는 안 된다. 그들은 퇴행성 장애를 갖고 살아가는 환자기 때문이다. 이렇게 연약해진 분들에게 늘 관심을 기울이고 사랑을 표현하는 사람이 되자. 그분들이 있었기에 지금 우리가 있는 것이다. 주변의 어르신들이 하늘나라로 가실 때까지 정말 건강하고 편안한 삶을 누리시기를 바란다. 아울러 잘못된 건축 때문에 그분들의 삶의 길이가 줄어들지 않기를 진심으로 기운한다.

손으로
문을
열 수 없다면

"11층 좀 눌러주실래요?"

우리는 양손에 짐을 가득 들고 엘리베이터를 탔을 때 함께 탄 사람에게 흔히 이렇게 부탁한다. 잠시 손을 자유롭게 사용하지 못하는 동안에도 불편을 느꼈는데, 오랫동안 몸이 불편한 채로 살아가는 장애인의 삶은 얼마나 힘들고 어려울까? 그 삶을 어찌 다 헤아리랴. 그저 그들이 서 있는 자리에 잠시 마음을 가져가본다는 말이 더 맞겠다.

동서고금을 막론하고 장애인은 사회적 편견과 차별의 서러움을 받으며 살아왔다. 선진국이라고 자부하는 서구 사회도 한때는 장애인을 우리보다 더 혹독하게 차별했다. 기원전 900년경 스파르타에서는 장애가 있는 어린이를 부모 의사와는 상관없이 아테네 교외의 타이게투스 산에 버렸다. 또 20세기 근세 나치 시대에는 인간 우생학적 선별을 내세우며 많은 장애인이 집단 학살을 당하기도 했다.

하지만 오늘날에는 장애인에 대한 인식이 많이 개선되어 사회가 그들을 보호하고 돌봐주어야 한다는 사회복지가 정책적으로 실현되고 있다. 미국이나 캐나다, 오스트레일리아 등을 비롯한 서구 유럽의 여러 나라도 이런 사회복지 정책에서는 모범적인 국가들이다. 신체 일부분이 손실 또는 손상되어 불구가 된 이가 있고 정신적인 문제로 장애인이 된 이도 있다. 또 선천적으로 기형아로 태어난 이도 있는데, 이들의 공통점은 사회활동이 부자연스럽다는 것이다. 걸음걸이가 이상하다거나 음식을 먹기가 불편하고, 버스나 지하철 등 대중교통을 이용하기도 쉽지 않다.

몇 년 전 잊지 못할 일을 경험한 적이 있다. 지하철 4호선 사당역 지하 화장실에서 볼일을 마치고 막 화장실을 나서는 순간 양팔이 없는 장애인 한 분이 들어오셨다. 그때 순간적으로 화장실에 다른 사람이 있는지를 살폈는데 마침 아무도 없었다. 그래서 화장실을 나가던 발걸음을 돌려 그분에게 도와드리겠노라 말씀드리고 볼일을 보도록 해드렸다. 마지막 뒷정리까지 해드리지 않으면 이분은

장애인 화장실
휠체어 장애인이 혼자서 사용할 수 있도록 보조 손잡이와 휠체어가 회전할 수 있는 공간이 필요하다.

또 다른 사람에게 어려운 부탁을 해야만 할 것 같아서 기다렸다가 뒷정리까지 마무리했다. 그때 그분의 얼굴이 지금도 생생하다. 어색한 얼굴로 민망함을 매일 경험할 그분의 슬픈 눈 때문이었을까.

이때의 경험이 한동안 충격으로 남아 있었다. 음식을 먹거나 용변을 보는 것이야말로 인간에게 가장 기본적인 일이다. 그런데 이것마저 다른 사람의 도움이 필요한 이들은 얼마나 고통스러울까. 하지만 정작 장애인이 고통 받는 것은 이런 불편함과 어려움 때문이 아니다. 바로 사회가 그들을 바라보는 시선 때문에 더 힘든 것이다. 어떤 이들은 마치 괴물을 본 듯 장애인에게 혐오감을 드러내기도 한다.

어렸을 때 텔레비전에서 자주 보았던 검정 선글라스를 낀 시각장애인 가수가 1980년대 어느 때부터인가 나오지 않아서 궁금했다. 그런데 시청자들에게 혐오감을 준다는 이유로 5공 때 텔레비전 출연을 금지했다는 것을 나중에 알았다. 그분을 무척 좋아했고 그의 음악성에 깊이 감탄한 터라 그 이유를 납득할 수가 없었다. 미국의 시각장애인 가수 스티비 원더가 세계적인 명성을 떨쳤던 것을 생각하면 씁쓸한 마음을 떨칠 길이 없었다.

사회가 발전하고 기술이 발달한 결과 편의시설이 많이 보급되었다. 그중 '자동문'은 대표적인 편의시설이다. 손을 대지 않고 문을 여닫을 수 있으니 여간 편리한 것이 아니다. 장애인이 출입하는 곳에 꼭 필요한 이 시설은 고급 쇼핑센터나 백화점에서도 흔히 볼 수 있다. 왜일까? 자기네 가게에서 물건을 사는 고객이 고마워서 불편을 덜어주려는 주인의 마음이 담겨 있기 때문일 것이다. 양손에 가득 물건을 들고 나가는 손님들이 손으로 직접 문을 열려면 물건을 내려놓거나 몸으로 문을 밀고 나가야 하는 불편을 감수해야 한다. 누구나 이런 경험을 해보지 않았는가? 손으로 문을 열 수 없다고 해서 모두 장애인은 아니지만, 손으로 문을 열 수 있는 사람들이 영원히 그런다는 보장은 없다. 우리 모두 언제든 장애인이 될 수 있다는 말이다.

장애인은 특수한 사람이 아니다. 비장애인도 몸이 불편하면 장애인과 같은 경험을 하게 된다. 몸이 불편할 때도 별 어려움 없이 건물이나 시설을 이용할 수 있게 해달라는 것이 장애인들의 주장이다. 장애인들이 바라는 것은 특별히 구별된 시설이 아니라 모두 함께 어우러져 사용할 수 있는 시설이다. 그들은 '장애인 전용 화장실'이 아닌 '장애인 겸용 화장실'을 원하지 않을까? 모두 함께 생활하는 데 불편함이 없는 나라, 편견 없이 살아가는 그런 사회가 속히 오길 진정으로 기원한다.

백화점 주차장 출입문
문에 가로로 된 큰 막대형 손잡이를 설치해 이용하기 편리하게 했다. 이런 문은 손잡이를 밀면 열리므로 장애인이 사용하기에도 좋다.

점자블록은
자전거도로의
경계표시용?

장애인에 대한 인식이 점차 달라지고 있는 요즘 추세를 반영해 지방자치단체에서도 장애인 시설에 전보다 많은 배려가 이루어지고 있다. 주민자치센터나 보건소에서 장애인 겸용 엘리베이터를 설치하고 있으며 주 출입구에는 반드시 경사로를 두고 있다. 물론 처음부터 경사로가 설치된 곳이 아닌 경우에는 규정에 맞지 않는 곳도 있지만 없는 것보다는 훨씬 낫다.

하지만 이 시설들이 정작 장애인이 사용하기에 불편하거나 불가능한 때도 없지 않다. 몇 년 전 한 지방도시 보건소에 1층은 물론 2층과 3층까지도 휠체어를 사용하는 장애인용 화장실이 설치되어 있었다. 하지만 2층과

3층의 화장실은 휠체어장애인이 이용할 수 없었다. 그 건물에는 엘리베이터가 없었기 때문이다. 몇 년 전 일이었기 때문에 지금은 개선되었을지도 모른다. 우스운 일 같지만 이런 사례는 아직도 여러 곳에서 발견할 수 있다. 시설을 설계하고 설치하는 사람들은 장애를 갖지 않았으므로 장애인의 어려움과 불편함을 가슴으로 느끼지 못하는 이유가 클 것이다.

장애인용 시설 중 대표적인 것이 시각장애인용 점자블록이다. 점자블록은 어디를 둘러봐도 어렵지 않게 찾을 정도로 많이 보급되어 있다. 시각장애인이 많기 때문일 수도 있지만 다른 시설보다 비용이 적게 들고 길거

보행로의 상당 부분을 자전거도로로 표시해놓았다. 자전거도로로 들어서지 않으면 가로수 때문에 보행 자체가 불가능해 보인다. 게다가 점자블록을 자전거도로의 경계표시용으로 사용했으니 시각장애인들이 어떻게 다닐 수 있을까?

리에 직접 설치하기 때문에 장애인을 배려한다는 가시효과도 있기 때문일 것이다. 하지만 비싼 예산을 들여서 설치하는 이러한 시설물이 장애인, 특히 시각장애인에게 오히려 위험요소가 된다는 사실을 알고 있는가?

우리가 길거리에서 일반적으로 볼 수 있는 점자블록은 인도 중앙에 설치되어 있고, 그 좌우로 자전거용 도로와 보행자용 도로가 나뉘어 있는 경우가 많다. 보행자용 도로는 보도블록을 깔고 자전거용 도로는 아스콘을 깔아놓았기 때문에 점자블록은 마치 이 두 재료 사이에서 재료분리대 또는 경계표시용 라인 역할까지 하는 셈이다. 어느 자치단체의 공원에 있는 큰 광장에 점자블록이 많이 깔려 있어서 보는 사람들로 하여금 장애인을 세심히 배려한다고 생각하게 한다. 하지만 앞에서 말했듯이 이 방법이 오히려 위험할 수 있다는 것에 주목할 필요가 있다.

일반적으로 우리는 시각장애인이 점자블록을 직접 밟으며 걸어가리라 생각하지만, 사실은 그렇지 않다. 그들은 하얀 지팡이를 좌우로 흔들어 점자블록을 긁으며 방향을 인지하면서 걸어간다. 따라서 일반적으로 오

덕수궁 돌담길에 설치된 자전거도로와 점자블록

른손잡이는 점자블록의 왼편에 서서 보행하게 된다. 그런데 그때 보행하는 곳이 아스콘이 깔린 자전거도로 쪽이라면 어떻게 될까? 또 광장에서는 어떨까? 시각장애인이 자전거와 인라인스케이트가 씽씽 질주하는 광장 안으로 들어갈 수 있겠는가? 가당치도 않은 말이다. 시각장애인은 광장에 있는 점자블록을 이용하지도 않을뿐더러 오히려 이 점자블록 때문에 인라인스케이트를 타는 어린이들이 걸려서 넘어지고 다치기도 한다. 돈은 돈대로 들고 위험은 위험대로 따른다. 다시 제거하는 데도 비용이 많이 들기에 잘 생각해서 처음부터 꼭 필요한 곳에 설치하는 것이 중요하다.

우리나라에서 흔히 볼 수 있는 볼라드
무릎 높이로 되어 있어 걸려 넘어지면 위험하므로 최근에는 연질의 선형 볼라드로 바꾸고 있다.

벨기에 브뤼셀에 설치되어 있는 볼라드

프랑스 파리에 설치되어 있는 선형 볼라드
볼라드가 보행자의 가슴 높이까지 올라와 걸려도 넘어질 염려가 없다.

난지도공원의 보행로
잔디와 아스콘의 재질감이 확연히 달라 시각장애인용 블록을 따로 설치할 필요가 없다.

시각장애인에게는 평소 위험요소가 많지만 대표적으로 두 가지만 살펴보자. 첫째는 차량이 보행로로 들어오는 것을 막기 위해 설치해놓은 일종의 방해물인 '볼라드'다. 자동차로부터 사람을 보호하기 위해 설치한 볼라드는 대부분 화강석 돌덩이나 콘크리트로 제작했으며 모양이 뭉툭하다. 일반인은 그사이로 아무 어려움 없이 다닐 수 있지만, 시각장애인에게는 '지뢰'나 다름없다. 대부분 걸려서 넘어지기 딱 좋은 무릎높이인 것도 그 위험을 더하게 한다. 선진국에서는 볼라드를 둥근 파이프로 허리높이까지 설치하는 경우가 많다. 그러면 원래 목적인 차량의 보행로 진입을 막을 수

덕수궁 옆 정동길에 설치된 볼라드
보행자들이 다니기 좋게 비교적 잘 조성해놓았다. 볼라드 윗부분을 연질로 처리해 부딪혀도 다치지 않게 되어 있다.

일반인이 다니기에도 불편할 정도로 방해물이 많다. 과연 시각장애인이 안전하게 보행할 수 있을까?

있고 사람이 무심결에 볼라드에 부딪히더라도 배 부분에 닿기 때문에 앞으로 고꾸라지는 일 없이 안전하게 이용할 수 있다.

우리나라도 최근에는 이러한 형태의 볼라드로 교체하고 있어 감사하게 생각한다. 또 다른 위험 요소로는 가로수를 비롯한 시설물이 보행로에 많다는 것이다. 점자블록을 따라 곧바로 걸어가는데 갑자기 인도를 가로막고 있는 가로수나 그 버팀대 등에 걸리기도 하고, 신호등을 제어하는 큰 조절 장치에 부딪히기도 한다. 또는 거리에 내놓은 선간판이 보행을 방해하기도 한다. 이럴 정도로 우리는 시각장애인의 처지를 생각하지 못한다. 사실 필자도 학창 시절 한눈팔며 다니다 전봇대에 부딪힌 적이 여러 번 있다. 시력에 문제가 없는 이들도 무심결에 이럴진대 시각장애인이 거리에 나서면 불안한 마음이 오죽할까?

보행로에는 아무것도 없는 것이 제일 좋다. 아무 생각 없이 걸어가도 다칠 수 있는 요소가 전혀 없어야 한다. 가로수가 있는 곳까지 잔디를 심거나 조경을 해서 보행로와 완전히 구별해준다면 일부러 점자블록을 다시 깔 필요도 없다. 시각장애인도 보행로와 조경 부분을 지팡이로 느껴가며 보행할 수 있기 때문이다. 도시 미관도 살리고 장애인과 비장애인의 보행권도 보호하는 사회가 되기를 간절히 바란다. 장애인과 비장애인이 함께 어우러져 생활하는 데 누구도 불편함을 느끼지 않고 살 수 있는 나라가 진정 복지사회가 아닐까.

휠체어의 작은 바퀴는 어디에 있을까?

"작은 바퀴가 어느 쪽이더라?"

휠체어 바퀴는 두 개가 아니라 네 개다. 그중 두 개는 큰 바퀴이고 두 개는 작은 바퀴다. 작은 바퀴가 어느 쪽에 있는지 유심히 관찰하지 않은 사람들은 쉽게 대답하기 어려울지도 모른다. 아마도 유모차를 밀어본 적이 있는 사람들은 같은 원리이기 때문에 금방 대답할 수 있을 것이다. 휠체어나 유모차의 움직이는 작은 바퀴는 앞쪽에서 진행하면서 방향을 자유자재로 바꾸고 회전할 수 있게 한다. 즉, 작은 바퀴가 앞에 있어서 이동할 때 방향을 쉽게 바꾸고, 큰 바퀴가 뒤에 있어 안정감 있는 자세로 앉아있을 수 있다.

그런데 이 작은 바퀴가 앞에 있는 탓에 생기는 어려움은 없을까? 아무

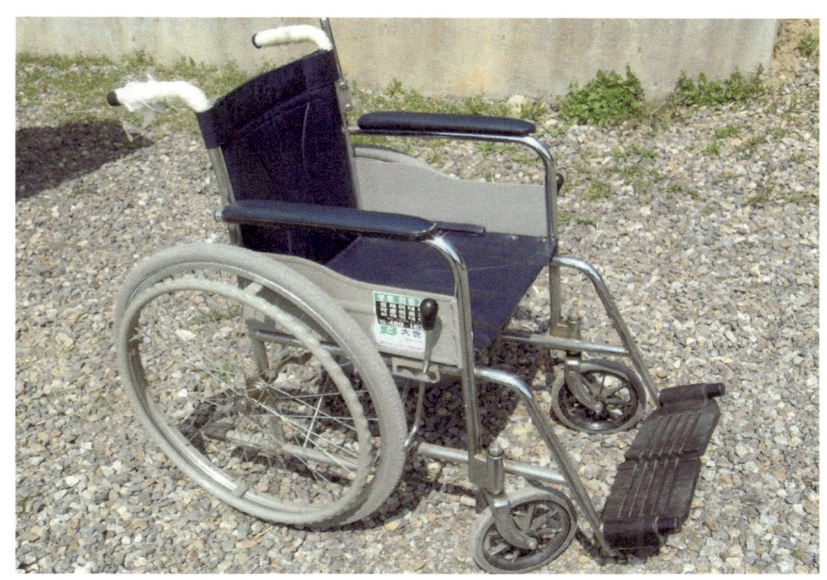

필자의 장인어른이 사용하는 휠체어
식당 주차장에 자갈이 깔려 있어 앞바퀴의 방향을 조절하기 어렵다.

런 장애물이 없는 평지에서 이동하는 것은 문제가 없지만, 조금이라도 턱이 있는 길을 진행하기에는 어려움이 있다. 예를 들어 횡단보도를 건널 때 인도에서 차도로 내려가는 것은 상관없지만, 차도를 건넌 후 다시 인도로 올라설 때는 움직이는 앞바퀴가 경계석의 턱에 직각으로 부딪혀 오르기가 상당히 어렵다. 일반 보행인에게는 정말 아무 생각 없이 다닐 수 있는 높이일지라도 휠체어 이용자에게는 높디높은 장벽이 되는 셈이다. 장애인을 위한 시설이 설치되어 있기는 하지만 대개 이용하기에 불편한 탓에 실질적 활용가 떨어지는 곳이 의외로 많다. 그래서 실제 이용에 불편함이 없도록 최근 수정된 장애인 편의시설 설치기준에서는 휠체어 장애인들의 보행을 위해 턱을 없애거나 턱 높이를 2cm 이하로 규정하고 있다.

언젠가 장애인 체험을 해본 적이 있다. 교육을 받으면서 직접 휠체어를 타고 먼 거리를 이동했는데 그때 가장 처음 만난 장애물이 바로 횡단보도 앞에 설치된 점자블록이었다. 무슨 얘긴가 하겠지만, 점자블록은 시각장애인을 위한 시설일 뿐 휠체어 이용자들에게는 오히려 불편할 수도 있다. 인도에서 차도로 내려갈 때는 그래도 괜찮았지만, 차도에서 다시 인도로 올라올 때는 턱의 높이 차이로 자유자재로 움직이는 앞바퀴가 90°로 꺾인 탓에 인도로 올라설 수 없어 한참 낑낑댔다. 그렇게 머뭇거리는 순간 신호등은 빨간불로 바뀌었고 자동차들은 위협적으로 지나가며 불안감을 조성했다. 선생님의 도움으로 휠체어를 뒤로 돌려서 꺾이지 않는 큰 바퀴로 거꾸로 올라섰다. 그러고도 점자블록의 요철 때문에 앞의 작은 바퀴가 제대로 움직이지 못하고 흔들거려서 이동하기가 수월하지 않았다.

두 번째 어려움은 경사로를 지나는 것이었다. 그 경사로는 장애인 경사로가 아닌 일반 보행용 경사로였다. 보행용 경사로는 기울기가 8분의 1이다. 이 말은 1m를 수직으로 올라가거나 내려가기 위해서는 수평거리 8m가 필요하다는 말이다. 수평거리는 우리가 일반적으로 생각해온 것보다 훨씬 긴 거리다. 휠체어로는 8분의 1 경사로를 이용하기가 참으로 무서웠다. 경사가 너무 급해서 자칫하면 안전사고가 날 수도 있을 법했다. 그래서 좀 더 편안하게 보행할 수 있는 휠체어용 경사로의 기울기는 12분의 1 이상으로 해야 한다고 규정하고 있다. 즉 수직거리 1m를 오르거나 내려가기 위해서는 수평거리가 12m 필요하다는 것이다. 공간에 여유가 있는 야외에 설치된 장애인용 경사로는 18분의 1 이상을 권장한다. 그래야 큰 부담 없이 경사로를 이용할 수 있다. 하지만 이 역시 도와주는 사람 없이는 혼자 이용하기가 쉽지 않다.

 높낮이 차가 있는 곳이면 계단이나 경사로 등 수직 동선이 꼭 필요하다. 지하철을 이용할 때는 더욱 그렇다. 최근 몇 년 사이 장애인을 위한 시설이 예전보다 많이 좋아졌다. 지하로 몇 미터를 내려가려면 넓지 않은 공간의 특성상 요즘은 엘리베이터를 설치하는 곳이 많이 생겨났다. 계단 난간에 휠체어 리프트를 설치한 곳도 가끔 있지만 사실 이것은 역무원이 나와서 도와주어야 하기에 번거롭다. 또 불편하고 위험하기까지 해서 장애인에게조차 외면당하는 실정이다. 몇 년 전에는 서울의 한 지하철 역사에 설치된 리프트를 이용하던 전동휠체어가 추락해 장애인이 사망한 일도 있었다.

 경사로 이야기를 조금 더 해보자. 경사로가 일직선으로 되어 있고 참이 있으면 별문제가 없지만 대부분 중간에서 방향을 바꾸게 되어 있다. 이때

휠체어 장애인이 혼자서도 이용할 수 있는 정도의 턱(왼쪽)과
다른 사람의 도움을 받아도 이용하기 힘든 턱(오른쪽)

'참'이라고 하는 평평한 부분이 있어야 휠체어가 방향을 전환할 수 있다. 계단에도 이러한 '참'이 있기 때문에 잠깐 다리를 쉬면서 계단을 오르내릴 수 있다. 이렇듯 경사로에서도 '참'에서 휠체어 진행방향을 바꾸면서 잠시 여유를 가지게 된다. 그런데 참에 경사가 있다면 쉬기는커녕 방향을 돌릴 때 휠체어가 벽에 부딪히면서 손가락이나 어깨를 다칠 수도 있다. 게다가 안정적으로 이동할 수 없게 된다. 반대로 그러한 경사로를 오르기는 더욱 어렵다. 경사도의 급하기도 문제가 있지만 휠체어의 무게중심이 앞으로 쏠리면서 잘못하면 휠체어가 엎어질 수 있다. 그래서 부상을 당하게 되면 누구를 원망하겠는가? 사회의 무관심과 배려 없음을 한탄한다 해도 상황은 달라지지 않는다. 그래서 장애인들의 사회를 향한 마음은 점점 닫히게 되는 것이 아닐까 싶다.

형식은 있지만 내용에 진실함이 없으면 공허함만 남듯이 장애인을 위한 시설이 갖춰져 있지만, 사용하는 데 어려움을 느끼거나 부상 위험이 있다면 없는 것만 못하다. 휠체어는 경사가 있는 곳에서는 멈춰 서서 쉬기도 어려운데, 그 모든 것을 오직 팔의 힘으로만 감당해야 하는 심정은 어떻겠는가? 잠시 휠체어 체험을 한 필자 팔에 경련이 일어날 정도였는데, 실제로 매일 휠체어에 의지해서 사는 사람은 오죽할까? 장애 때문에 상당한 괴로움을 겪지만, 그보다도 더 힘든 것은 매일매일 장애를 사회로부터 확인받으며 살아가야 한다는 것 아닐까?

고양시 한류월드
인근에 설치된 입체 보행로. 완만한 경사로와 엘리베이터가 있어 장애인도 이용하기 편리하다.

어린이를 위한 건축

문화가 발달할수록

건축물은 개별용도와 기능에 따라 특별하게 디자인된다. 문화보다 생존이 중요한 시기에는 생각지도 못했던 일이었지만 이제는 가능한 일이다. 어린이를 위한 건축공간도 그중 하나다. 건축물을 처음부터 어린이만을 위한 공간으로 계획하게 된 것은 그리 오래되지 않았다. 문화가 발달함에 따라 의식 수준도 높아져 가능하게 되었는데 참으로 감사한 일이다.

어린이는 우리의 보배다. 어린이가 안심하고 사용할 수 있는 건축과 공간을 만드는 것이 우리의 보배를 아끼고 사랑하는 방법이다. 바라보기만 해도 마음이 흐뭇하고 생각하기만 해도 절로 미소가 감돈다. 이렇게 사랑스러운 어린이를 위한 건축을 하려면 여러 가지 배려가 곳곳에 숨어 있어야 한다.

필자가 설계한 오르다 어린이집
도심 주택가에 있어 넓은 대지를 확보하지 못했다.
그래서 건축법의 조건을 최대한 활용해
디자인을 아기자기하게 했다.
ⓒ석정민

피난용 미끄럼틀
평소 피난훈련을 놀이처럼 하면서 연습하는 것이 중요하다. ⓒ석정민

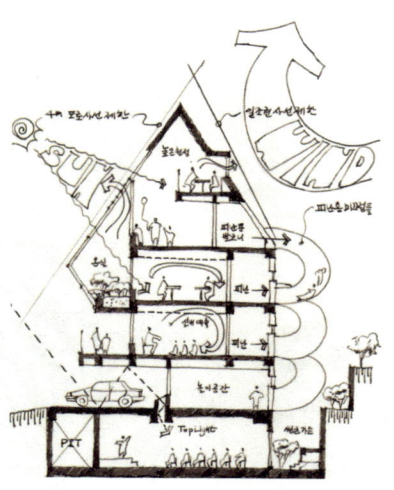

단면 개념스케치
각층의 기능과 설계개념을 표현하였다.

   첫째는 밝고 명랑한 공간을 계획하는 것이다. 이를 위해 주요 실이 '남향'이 되도록 배치한다. 어린이의 활동은 주로 오전에 집중되므로 남향이 어렵다면 동향도 가능하다. 하지만 서향과 북향은 반드시 피해야 한다.

   둘째는 실외 활동을 위해 외부 공간을 적극적으로 활용할 수 있게 계획하는 것이다. 놀이터를 이용하거나 모래놀이 등을 하면서 사회성을 높이는 연습을 해야 한다. 주 출입구를 통해 외부 공간에 나갈 수도 있겠지만, 남향에 면한 실내공간과 직접 연계된 외부 공간이 있으면 더 좋다. 이

필자가 설계한 안산 상록어린이도서관
대지가 경사져 층별로 외부공간을 확보하였다. 거대한 캐노피는 공간의 영역을 심리적으로 보호한다. 멀리 공원으로 연계된 브리지가 보인다.

때 완충공간인 야외 테라스가 설치되면 여러모로 편리하다. 이 공간은 완전히 독립되어야 하며 외부에서 다른 사람들이 접근하지 않도록 차단해야 한다. 최근 어린이를 대상으로 하는 범죄가 늘고 있기 때문이다. 따라서 어린이의 활동 영역 모든 부분에서 '보호와 관찰'이 가능해야 한다. 어디라도 보호와 관찰 영역에서 벗어난 사각지대가 있어서는 안 된다. 설령 어쩔 수 없이 그런 공간이 생겼다면 감시카메라를 설치해서라도 주의 깊게 관리해야 한다.

셋째는 어린이의 신체 치수를 고려해 건축을 계획해야 한다. 어른을 기준으로 기성품 건축을 해서는 안 된다. 어린이의 키와 보폭 등을 고려해 사용하는 데 불편하지 않도록 하자. 될 수 있으면 계단보다는 경사로를 설치한다. 경사로를 설치하기 어려우면 계단의 단 높이를 낮추고 난간 손잡이 등을 이중으로 설치하여 안전하게 이용할 수 있도록 해야 한다. 천정[*]의 높이도 조절할 수 있으면 좋다. 서서 활동하는 공간과 바닥에 앉거나 누워서 자는 공간의 천정[*]높이를 달리해 변화를 주는 것도 큰 도움이 된다. 공간감의 변화를 경험토록 하면 어린이의 정서적·심리적 발달과 상상력·창의력의 발현에 좋은 영향을 줄 수 있다.

그런데 다른 어떤 조건보다 훨씬 더 중요해서 강조하고 또 강조해도 부족한 것이 있다. 바로 '안전'이다. 아무리 예쁘게 디자인되고 시공되었다 할지라도 안전하지 않으면 없는 것만 못하다. 어린이는 스스로 판단하는 능력이 발달하지 않았기에 아무 의심 없이 자신을 맡기거나 조심해야 할 이유를 알지 못한다. 그래서 어른들이 먼저 어린이를 보호하고 조심하게 해야 한다. 건물 밖에서는 자동차를 조심하도록 주지시켜야 하는 것은 물론이고 계획할 때부터 자동차의 위험에서 완전히 벗어날 수 있도록 동선을 고려해야 한다. 보행자와 차량이 확실하게 분리되어야 하며, 주출입구까지는 보행 완충공간이 있으면 좋다.

다음은 출입문에 손가락이 끼지 않도록 주의해야 한다. 최근에는 손가락을 다치지 않는 안전문이 많이 출시되어 있으니 이런 종류의 문으로 설치해야만 한다. 많은 어린이가 지금도 문에 손이 끼어서 고통 받고 있다.

[*] P.250 '천정과 천장' 설명 참조.

심한 경우 절단되기도 한다. 이를 어린이의 부주의로만 돌려서는 안 된다. 바람직하지는 않지만 어린이 시설과 용도가 다른 시설이 함께 있다면 어린이 시설을 어디에 배치해야 할까? 어떤 이는 동선이 가장 먼 쪽에 안전하게 두는 것이 좋다고 할 수도 있고, 다른 이는 거리에 관계없이 남향에 배치해야 한다고 말할 수도 있다. 또 다른 이는 층을 구별하여 설치하되 1층은 사람이 많아 복잡하니 2층에 따로 두는 것이 좋다고 할 수도 있다.

상록어린이도서관
두 개의 매스 사이에 있는 복도를 남향으로 배치하여 밝고 명랑하며 활발한 공간이 되도록 계획했다. ⓒ석정민

그런 제안이 맞을 수도 있고 맞지 않을 수도 있지만 우선 평소에는 활동영역을 구별해야 한다. 즉 영역별 구획을 확실하게 해야 하고, 서로 간섭이 생기지 않도록 출입구를 따로 설치하는 것이 좋다. 그런 후 대원칙은 얼마나 편안하게 이용할 수 있는가가 아니라 만에 하나 있을지도 모를 위험과 사고에 대비해 피난이 원활하도록 배치계획을 세워야 한다.

상록어린이도서관 후면
공원을 향해 열린 필로티 옥외공간이다. 비나 눈이 와도 활용할 수 있으며 자연과 건축의 매개 공간으로써 역할을 다하고 있다.

어린이는 완전히 성숙한 인격체가 아니다. 스스로 상황을 판단해서 재빠르게 위험에서 벗어나거나 자신을 안전하게 보호하는 것이 불가능하다. 따라서 건물에 위험이 닥쳤을 때를 대비해 피난이 불리한 사람들을 출입구에 가깝게 배치하는 것이 매우 중요하다. 어린이와 노인이 함께 이용하는 건물이라면 어린이를 우선으로 생각해야 한다. 노인의 무릎이 불편하더라도 1층은 어린이에게 양보해야 한다. 어린이 중에서도 나이에 따라 활동성이 달라진다. 어린이집은 0세부터 5세까지가 그 대상인데, 어릴수록 출입구 가까이 배치한다. 5세만 돼도 스스로 대피할 수 있다. 그들은 위험 상황에서 자기 몸을 움직여 대피하면 되지만, 0세나 1세 영아들은 누군가가 다시 들어가서 안고 나와야 하기 때문에 피난 동선이 길어지면 절대로 안 된다. 이 원칙은 몸을 스스로 움직이지 못하는 장애인이나 시각장애인에게도 동일하게 적용해야 한다.

마지막으로 어린이 시설물에 대해 몇 가지를 더 생각해보자. 우선 위에서 언급한 난간에 2중 손잡이를 설치하여 신체 크기에 따라 편리하고 안전하게 이용하도록 하면 좋다. 그리고 탄력성 있고 위생적인 바닥 마감재를 사용해야 하며, 가구 모서리를 둥글게 만들어 혹시 부딪히더라도 다치지 않도록 하는 것이 중요하다. 또한 최근 관심사로 떠오르고 있는 친환경 건축자재를 이용해 시공하는 것이 좋다. 비염이나 아토피 등 어린이 질병의 대부분이 잘못된 건축환경에서 오는 경우가 많기 때문이다. 아무쪼록 어린이가 생활하는 환경이 늘 쾌적하고 안전하여 밝고 건강하게 자라가기를 기원한다.

여름에는 시원하게, 겨울에는 따뜻하게

돌과 나무의 만남

한옥의 지붕과 처마

추녀 끝에 고드름?

키 큰 나무는
왜 집 가까이 심지 않을까?

한국화에는
왜 길고 좁은 액자가 많을까?

천정(天井)과 천장(天障)

ⓒ 석정민

CHAPTER 06

건축,
한옥을 만났을 때

여름에는 시원하게, 겨울에는 따뜻하게

지구의 지역은 크게 세 기후대로 나뉘어 있다. '열대'와 '한대' 그리고 '온대'가 있지만, 건축에서는 열대와 한대의 특징이 두드러지게 나타난다. 열대지역에서 집은 거주하는 사람들이 시원하게 지낼 수 있도록 지어져 있다. 반대로 한대지역에서는 따뜻하게 지낼 수 있도록 지어져 있다. 그 사이에는 온대지역이 있지만, 이 지역 주택들도 춥거나 덥거나 어느 한 쪽에 비중을 두고 짓는다. 그런데 우리의 한옥은 여름에 시원하고 겨울에 따뜻하게 할 수 있는 냉난방 시스템이 갖추어진 '세계 유일'의 주택 형식이다.

더운 곳은 온도가 높고 습한 탓에 바람의 소통이 아주 중요하다. 습기는 공기보다 무거워서 땅 가까운 곳에 모이게 된다. 따라서 습기를 제거하기 위해 바닥을 높여서 집을 짓거나 바람이 집 안 곳곳에 쉽게 드나들도록 나무를 얼기설기 엮어 바닥과 벽에 틈이 많이 생기게 한다. 바람이 잘 통하면 습기가 없어지고 곰팡이 번식을 막을 수 있어 위생적이며 쾌적하게 지낼 수 있다. 우리에게 익숙한 '마루'가 바로 이런 기능을 한다. 마루는 '높은 바닥'을 의미한다. 이는 남방형, 즉 더운 지역 건축의 아주 중요한 특징이다.

반대로 추운 지역에서는 집을 지어 추위를 피하기는 했지만, 혹독한 추위를 근본적으로 이기기 위해서 난방을 해야 하므로 실내에 반드시 불을 피워야 했다. 일반적으로 추운 지역에서는 '페치카(Pechka)'를 사용한다. 이는 원래 러시아에서 시작된 난방방식이다. 요즘 벽난로는 벽 속에 박혀 난방용으로만 사용하지만 원래 페치카는 난방뿐만 아니라 불을 이용해 요리를 하는 장치로도 사용했다. 페치카나 벽난로는 불 가까이 있으면 아주 따뜻하지만, 집안 전체를 따뜻하게 하기는 어렵다. 직접난방 방식에 가

마루
남방형 주거의 대표적 특징으로
시원하게 열린 전면으로 자연을 끌어들인다.

온돌
북방형 주거의 특징으로 아궁에 불을 지핀다.

까워서 불 앞에 있으면 얼굴과 가슴은 뜨겁지만 등은 시린 느낌이 든다. 더군다나 불을 막 피우기 시작할 때면 뜨거운 공기는 굴뚝으로 다 빠져나가고 오히려 집밖의 찬 공기가 문틈으로 들어와 한 동안은 불을 피우기 전보다 더 춥게 느껴지기도 한다.

온돌은 우리나라 전통 난방방식이다. 불을 직접 쬐는 것이 아니라 방바닥을 데운 후 데워진 방바닥에서 다시 방사되는 열로 방 전체를 따뜻하게 하는 방식이다. 이러한 방식을 복사난방 방식이라 하는데 건강에 무척 이롭다. 몹시 추운 날이 아니면 화덕(화로)을 방 한가운데에 두고 지내기도 했다. 화덕은 나무가 아닌 숯을 태우기 때문에 연기가 거의 나지 않는다. 그래서 방안에서도 별 부담 없이 사용할 수 있었는데, 주로 노인이 계시는 방의 보조 난방도구로 사용했다.

정리하면, 마루는 통풍과 습기 제거를 위해 높여놓고, 난방을 위한 온돌도 구들을 높임으로써 마루와 바닥 높이를 맞출 수 있었다. 그래서 더운 여름과 추운 겨울에도 불구하고 한옥에서의 생활은 쾌적하고 편리할 수 있었다. 이렇게 서로 특성이 다른 '온돌'과 '마루'가 공존하며 여름과 겨울을 나는 데 도움을 주는 주거형식은 우리나라를 제외한 전 세계 어디에서도 찾아볼 수 없다. 이 얼마나 자랑스러운 일인가!

오랜 세월 우리에게 잘 맞도록 개발된 우리 것을 문화가 개방되고 세계화된다고 해서 우리 것들을 마구 버려서는 안 된다 오히려 우리 선조가 보여준 현명한 지혜를 계승하고 발전시켜보는 것은 어떨까? 최근 몇 년 사이에 여러 분야에서 한류열풍이 대단하다. 우리에게는 매우 익숙하고 평범

양동마을의 관가정
왼쪽으로는 뜬 구조로 되어 있는 마루를 놓았고 오른쪽으로는
아궁이를 설치한 온돌방이 공존한다. ⓒ장윤희

해서 우리도 잘 몰랐던 능력을 세계 사람들이 새롭게 발견하고 인정해 주는 것이다. 우리의 한옥도 그러하리라 생각한다. 언젠가는 '건축한류'가 오리라 믿으며, 세계 사람들이 우리의 건축문화를 부러워하고 배우고 싶어 하는 날이 하루 빨리 오기를 소망해본다.

돌과
나무의
만남

　　　　　　한옥에서는 성질이 전혀 다른 두 부재가 만난다.
바로 '기초'와 '기둥'이다. 한옥의 재미있고 신기한 여러 요소 가운데 하나다. 요즘 지어지는 건축물에서 기초와 기둥은 철근콘크리트로 만들어져 완벽히 하나가 되는 고정된 형태를 유지하는 반면 한옥에서 기초는 돌로 되어 있지만, 기둥은 나무로 만들었다. 그래서 서로 다른 재료의 특성상 결코 일체형 구조가 될 수 없는데도 기초와 기둥은 연결되어 있다. 이것이 어떻게 가능할까?

　　　나무기둥은 아무런 장치 없이 돌로 된 기초 위에 그냥 얹혀 있다. 그러면서도 몇 백 년 동안 무너지지 않고 서 있었다는 것이 놀랍지 않은가? 구조체를 이루는 기둥과 보는 짜맞춤 방식으로 이루어져 서로 지탱해주기

소수서원에 있는 정자
자연 속에 수줍은 듯 다소곳하며 그 모습을 자랑하지 않는다.
소박한 선비들의 풍류가 바람을 타고 흐르는 듯하다.

때문에 틀이 쉽게 무너지지 않는다. 더군다나 한옥의 주요 구조부를 이루는 기둥과 창방, 보 그리고 도리를 올릴 때까지는 쇠못을 전혀 사용하지 않고 나무 부재들을 위에서 아래로 견고하게 끼워 맞추기 때문에 어지간한 충격이나 힘이 작용할 때도 변형이 생기지 않고 견뎌낼 수 있다. 이때, 부재가 직각으로 연결되는 것을 '맞춤', 길이 방향으로 나란히 연결되는 것을 '이음'이라 한다. 이러한 짜맞춤 방식을 이용하면 서양 목조주택에서 못을 사용해 집을 짓는 것보다 훨씬 튼튼하고 강하다. 따라서 기초로 사용하는 돌 위에서 기둥과 보가 서로 의지하며 지탱해주는 힘으로 견고하게

종묘
제례의식을 치르기 위해 필요한 거대한 월대 위에 장대석 기단과 초석이 있고
그 위에 가지런히 정렬된 나무기둥들이 서 있다. ⓒ홍미경

서 있을 수 있다. 또 한 가지 중요한 것은 흙과 나무로 구성된 지붕이 상당히 무겁다는 것이다. 이 무거운 지붕이 짓누르기 때문에 기둥이 기초 위에서 들려 올라가거나 미끄러질 일이 없다. 이러한 건축방식이 생소한 서양에서는 온전히 이해할 리 없다. 일례로 프랑스 파리 근교에 고암 이응로 화백의 한옥인 '고암서방'을 지을 때, 한옥의 조성방식을 모르는 허가관청을 이해시키는 데 상당히 힘들었고 시간도 오래 걸렸다고 한다.

또 하나 신기한 모습은 기초로 사용하는 자연석의 크기나 형태에 관계

경주 양동마을
나무와 돌은 자연 속에서 서로 조화를 이루며 몇 백 년을 함께 살아오고 있다.
집도 그 모습을 닮아 돌은 초석으로, 나무는 기둥과 보로, 흙은 벽과 지붕이 되어
서로 사랑하며 하나가 되어 있다

없이 기둥 하부를 돌의 모양에 맞춰 깎아낸다는 것이다. 이것은 거의 모든 건물에 적용되지만, 평지에 지어지는 건물보다는 자연경관이 수려한 곳에 지어진 정자에서 더욱 극적인 효과를 자아낸다. 우리는 바위 위에 지어진 정자에서 시원하게 펼쳐진 주변 풍광을 감상하며 꿀맛 같은 힐링의 시간을 맛본다. 하지만 경치만 볼 것이 아니라 건물의 아랫부분인 기둥과 기초의 연결 부위에도 관심을 가지자. 이것은 '그랭이질'이란 기법으로 만들게 된다. 먼저 기초로 사용할 자연석의 위치를 확정하고 그 위에 기둥을 수직이 되게 임시로 세운다. 그런 후 '그랭이칼'로 기둥 아래쪽에 돌의 생김새를 따라 표시하여 기둥을 눕혀서 깎은 뒤 다시 세우면 된다. 나무와 돌 중 가공이 쉬운 나무를 깎는 것이다. 이때 기초로 사용하는 돌은 수분이 적고 산에서 채취한 것이라야 한다. 강에서 난 돌을 사용하면 수분 때문에 기둥의 밑동이 쉽게 썩는다. 그래서 주로 산에서 나는 화강석을 기초 부재로 사용한다.

돌에 수분이 적어야 하는 이유는 나무로 기둥을 세우기 때문이다. 몇 백 년 동안 비바람을 맞으면서도 나무가 썩지 않고 견딜 수 있었던 것은 수분이 빨리 건조되어 부식을 방지했기 때문이다. 이 모든 것은 오로지 자연적으로 가능해야 했다. 그래서 사소한 부분처럼 보일지라도 자연의 원리를 거스르지 않고 순응하는 마음과 형태를 지니게 된 것이다. 기둥이 놓이는 기초가 오목하면 비가 온 후 물이 고여서 나무에 직접적으로 피해를 준다. 하지만 조금이라도 볼록한 형태로 기초를 만든다면 빗물 때문에 기둥이 부식될 일이 없다. 목조로 된 한옥에서 가장 신경을 많이 쓴 부분은 이렇듯 자연스럽게 물기를 차단하거나 제거하는 것이다. 이러한 습기

대책은 기둥과 기초가 만나는 부분에서만 볼 수 있는 것이 아니다. 낙숫물이 떨어지는 처마 끝보다 안쪽으로 기단을 설치하여 아예 기단 위로 물이 떨어지는 것을 원천적으로 방지하는 등 여러 곳에서 발견할 수 있다.

그렇다면 기초를 돌로 만드는 이유는 무엇일까? 첫째, 기둥단면보다 넓은 돌을 사용해 위에서 내려오는 힘을 땅에 잘 전달하여 건물을 지탱해줄 수 있기 때문이다. 둘째, 땅에서 올라오는 습기를 막아 나무기둥에 미칠

여러 가지 형태의 초석과 기둥들
서로 다름을 인정하고 몇 백 년을 함께 살아오고 있으며 앞으로도 계속 함께 살아갈 것이다.

수 있는 피해를 예방할 수 있어서다. 돌은 강함을 바탕으로 자기보다 연약한 나무를 보호하며, 나무 기둥은 오랜 시간 굳건히 서 있음으로써 집의 틀을 유지하고 기초의 의미와 가치를 높여준다.

"성격 차이로 헤어집니다."

요즘 흔하게 되어버린 이혼의 변이다. 사람마다 자라난 환경과 성격이 서로 다른 것은 결혼 전부터 알고 있었는데, 왜 결혼까지 했다가 헤어져야

병산서원 만대루의 하부구조
자연의 모습 그대로를 닮은 기둥들은 제 멋에 겨워 서 있고, 그 아래는 잘 드러나지 않는 자세로 제 역할에 충실한 초석들이 자리 잡고 있다.

만 할까? 이혼율은 놀랄 정도로 급증했고, 가정은 가족의 행복을 위한 쉼터가 아니라 부담과 고통의 도가니가 되고 있다. 이혼으로 가정이 파괴되고 아이들의 탈선과 비행이 늘어가는 것을 보면 정말 가슴이 아프다. 반면에 서로 다른 특성을 인정하면서 아름답고 행복한 가정을 만드는 이들도 많다. 그들은 서로 연약함을 인정하고 필요를 채워가며 더욱 굳건한 믿음과 사랑을 바탕으로 가정을 세우고 있다.

　기둥이 돌 위에 아무런 장치 없이 그냥 놓여 있는 것 같지만 무너지지 않고 미끄러지지 않는 것은 여러 부재가 서로 강하게 의지하고 지탱하며 돕고 있는 까닭이리라. 우리 삶도 서로 다른 사람들과의 만남으로 이루어진다. 아름답고 사랑이 넘치는 사회를 만드는 비결은 서로 신뢰하고 인정하며 돕는 것이 아닐까 싶다. 살아서 말하는 사람만이 교사가 아니라 오랜 세월 견뎌내며 지혜를 간직한 한옥도 큰 교훈을 주는 선생님이다.

한옥의
지붕과
처마

"야! 비 온다. 처마 밑에 숨자."

"어이쿠, 비가 오네. 애야, 빨래 걷어라!"

해맑고 즐겁던 재잘거림은 비가 오는 순간 처마 밑으로 피해온 아이들의 웃음소리로 변했다. 시어머니의 외침에 마당 한쪽에 걸어놓은 빨래들을 잽싸게 걷어 끌어안고 처마 밑 아이들 곁으로 뛰어 들어온 며느리 입가에도 안도의 미소가 흐른다.

오래된 한옥은 양옥집과는 그 모습이 사뭇 다르지만 그중에서도 특히 구별되는 것이 있다. 바로 지붕이다. 한옥에는 한식기와가 덮혀 있고 지붕도 집 면적보다 상당히 커서 요즘 짓는 양옥집의 평평한 콘크리트 슬래브와는 쉽게 구별된다. 이렇게 평평한 콘크리트 바닥을 보통 '평지붕'이라고

한옥의 홑처마
모서리에 부챗살처럼 뻗어 나온 서까래를 '선자 서까래' 또는 '선자연'이라 하며, 직선으로 빠져 나온 서까래를 '평서까래' 또는 '평연'이라 한다. 모서리 중앙에서 사선으로 굵게 빠져나온 부재는 추녀며 추녀 끝에는 빗물을 막기 위한 기와가 덮여 있다. ⓒ장윤희

한옥의 겹처마
아래쪽에 있는 동그란 단면의 긴 부재가 서까래다. 그 위에 오른쪽으로 길게 내민 부재는 부연이라 하는데, 단면이 사각형이다. ⓒ장윤희

한다. 경사지붕도 일부 있어서 기와나 아스팔트 싱글을 덮기도 하지만 예전 우리의 한옥 지붕과는 크게 다르다.

지붕은 기후대가 다른 지역의 건축적 특징을 가장 잘 보여준다. 건물에 하자가 생기는 다양한 이유 중 가장 대표적인 것은 물이 새는 것이다. 비나 눈 때문에 '물이 건물 안으로 스며드는 이 현상은 벽보다 지붕에서 많이 발생한다. 눈이 지붕에 오랫동안 쌓여 있으면 그 무게 때문에 건물 구조에 영향을 주어 직접적인 손상이 생길 수 있다. 따라서 눈이 쌓이기 전에 빨리 흘러내리게 하려고 경사를 가파르게 둔다. 눈이 유난히 많이 온 겨울에는 비닐하우스가 무너져서 농민들의 피해가 크다는 뉴스를 접하곤 한다. 또, 큰 나뭇가지들이 눈의 무게를 이기지 못하고 부러지기도 한다. 물은 우리가 상식적으로 생각하는 것보다 훨씬 무겁다. 가로, 세로, 높이가 모두 1m인 상자에 물을 가득 채우면 그 무게가 자그마치 1톤이나 된다.

우리나라는 북반구에 있는 온대성 기후지역이라 비가 많이 내리고 사계절이 뚜렷하다. 연간 강우량이 1,300mm 정도 되는데, 여름 한 철 집중호우가 시작되면 하루에도 200mm 이상씩 오는 경우가 심심치 않게 발생한다. 2002년에는 강원도 지역에 한꺼번에 800mm까지 오기도 했다. 이 정도면 산사태가 나는 지경이니 어쩔 수 없지만, 평년 강우량 조건에서는 지붕의 배수가 상당히 중요하다. 물의 양이 적지 않으므로 지붕의 배수로 역할을 하는 오목한 암키와의 폭이 수키와 보다 훨씬 넓은 것이 우리 실정에 맞는다.

참고로, '스페인 기와'라는 것이 있다. 스페인 기와는 덥고 건조한 스페인, 미국의 남서부 등에서 많이 사용한다. 이 기와는 수키와와 암키와의

병산서원의 처마낙수는 기단바깥으로 떨어지도록 처마의 길이와 기단의 폭을 조절했다.
ⓒ정지성

크기가 비슷해서, 지붕의 모습은 수키와가 올록볼록 강조되어 보인다. 또한 처마가 상당히 짧고 직선적이며 심지어 처마의 끝 선과 외벽이 거의 일치하는 형태를 보이기도 한다. 외관상 상당히 이국적이기도 하고 생소한 느낌이 들어 예쁘다고 좋아하는 이들도 많다. 한편, '일본식 기와'는 암키와와 수키와가 따로 없이 영어의 S자를 옆으로 뉘어놓은 형태로 되어 있다. 그래서 시공할 때 작업성이 뛰어나지만 지붕은 배수를 위한 골이 얕은 평평한 모양이 되므로, 한옥 기와에 비해 밋밋한 느낌이 든다.

하지만 앞에서 말했듯이 지붕은 그 지역의 기후를 가장 잘 반영하는 중요한 요소가 아니던가. 스페인처럼 건조한 곳에서는 비가 많이 내리지 않기 때문에 암키와의 골이 좁아도 배수에 전혀 문제가 없다. 또 처마 끝에서 물이 바닥으로 직접 떨어지지 않고 벽을 타고 흘러도 양이 적어서 별반 문제가 될 것이 없다. 하지만 그것은 스페인에서 얘기고, 우리나라처럼 집중호우가 있는 나라에서 그처럼 시공했다가는 곧 문제가 생긴다.

한옥의 처마가 긴 본질적 이유는 기와 골을 타고 흐르는 물이 직접 벽에 닿지 않게 하기 위함이다. 특히 옛날 한옥은 흙벽이라 비에 오래 젖으면 내구성에도 심각한 문제가 생겨 심하게는 벽이 무너지는 상황이 발생할 수도 있다. 따라서 물에 대해서는 신경을 상당히 많이 쓴 흔적이 한옥 여기저기에서 나타난다.

주택을 비롯한 일반 건축물은 배치나 형태에서 그 지역의 문화를 반영한다. 대대로 농경문화가 발달한 우리나라의 경우 농부들은 여름철 소나기를

이탈리아 베로나에 있는 로마광장
사진 정면으로 보이는 기와가 스페인 기와다. 한옥의 기와와 달리 수키와가 두드러져 보인다.
비가 적게 오므로 처마도 짧고 암키와 골이 가까워 이국적 정취가 물씬 풍긴다.

만나면 잠시 일손을 멈추고 마당으로 들어와 삽이나 농기구는 한쪽 벽에 걸쳐두고 장화를 신은 채 대청마루에 걸터앉는다. 날이 갤 때까지 사람이나 농기구 모두 비에 젖지 않고 편히 쉴 수 있는 것은 긴 처마 덕분이다.

   지붕의 가장 높은 부분인 용마루에서 처마 끝까지는 완만한 곡선으로 되어 있고, 지붕 안쪽에는 서까래라고 하는 둥글고 긴 나무 부재들이 일정한 간격으로 줄지어 있다. 보통의 경우 이 서까래는 지붕꼭대기에서 처마 끝까지 하나의 부재가 아니라 중간에 한 번 끊어지고 다시 연결된 형태로 되어 있다. 위쪽에 있는 서까래는 짧고 경사가 급하게 설치되어 있지만, 아래쪽 서까래는 좀 더 길고 완만하게 놓여 있다. 따라서 기왓골의 경사가 서까래 구조를 따라 위쪽이 급하고 아래쪽은 완만하게 되는 것이다. 이 서까래 위에 판을 얹고 흙을 덮는데, 그 판을 '개판'이라 한다. 개판 위에 흙을 채운 후 그 위에 암키와를 가지런히 놓아 지붕모양을 만든다. 이때 기와는 아래쪽에서부터 놓기 시작해서 겹쳐가며 위쪽으로 놓는다. 암키와끼리 만나는 부분의 위쪽에 다시 홍두깨흙을 놓고 수키와를 덮으면 지붕이 완성된다.

그 상태를 빗물 배수 관점에서 보자. 비가 올 때 지붕의 상부 쪽은 하부 쪽보다 빗물의 양이 적지만 경사가 급해서 물의 흐름에 따른 기와의 마모도는 높은 편이다. 반면 지붕 아래쪽은 경사가 완만하여 물의 흐름에 따른 직접적인 마모도는 높지 않다. 그 대신 하늘에서 내리는 비와 지붕 상부에서 내려오는 물까지 받아 내리기 때문에 물의 양은 훨씬 많아진다. 결과적으로 지붕 기와의 마모도는 전체적으로 비슷해진다.

처마가 길어지면서 '비'에 대한 해결뿐만 아니라 '빛'에 대해서도 조절이 가능하게 되었다. 우리나라 여름철 태양의 남중고도(정오에 떠 있는 태양의 고도)는 대략 70도가 넘는다. 그런데 한옥의 처마 끝은 주춧돌과 기둥을 중심으로 30도가량 내밀어 있으므로 여름철 한낮에는 남향의 대청이나 안방에 직사광선이 내리쬐지 않는다. 하지만 겨울철에는 태양의 남중고도가 약 30도라서 대청이나 안방의 깊숙한 곳까지 볕이 든다. 즉 여름에는 좀 더 시원하고, 겨울에는 따뜻하게 지낼 수 있는 여건이 건축적으로 갖춰진 셈이다. 우리 선조가 집을 지을 때 집이 앉는 방향으로 남향을 선호했던 이유가 여기에 있다.

콘크리트나 벽돌로 집을 지으면 처마가 없어도 벽이 비를 맞고 무너지는 일이 없다. 따라서 오늘날 주택은 한옥과 달리 처마가 거의 보이지 않게 되었다. 그러나 햇빛을 조절할 필요가 있는 만큼 창에 '루버'를 설치하는 등 옛 선조의 지혜를 현대화할 필요는 있다. 환경에 적응하되 개선할 부분을 잘 찾아 한옥의 좋은 개념을 현대 주택에도 적용한다면 훨씬 더 쾌적하고 행복한 건축 환경을 만들어갈 수 있다.

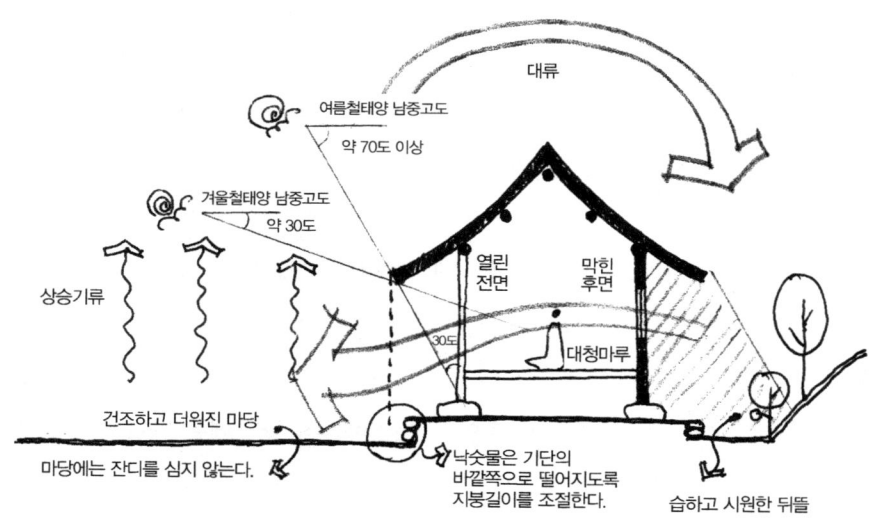

여름철 무더위에도 한옥이 시원한 이유는 과학적인 원리가 적용되어 있기 때문이다.

그리스에 있는 한 섬에서 바라본 마을 전경
스페인기와가 얹힌 짧은 처마의 지붕이 이국적이다. ⓒ석정민

추녀 끝에 고드름?

인터넷에서 '추녀 끝 고드름'이라는 단어를 검색해본 적이 있는가? 상당히 많은 관련 문서를 발견할 수 있을 것이다. 그만큼 잘못된 지식이 널리 퍼져 있는 것인데, '처마'와 '추녀'를 확실하게 구별해보자.

한옥이라는 말은 듣기만 해도 정겹다. 어릴 적 기억이 머릿속에 한가득 들어차고 아름다웠던 추억은 파노라마처럼 스쳐 지나간다. 그중 한 가지가 겨울철 눈 덮인 지붕에 매달린 고드름이다. 아버지께 고드름을 따달라고 해서 손이 빨갛게 시릴 정도로 가지고 놀았던 기억이 난다. 많은 시인을 비롯한 문인과 일반인이 잘못 알고 있는 것이 바로 고드름이 맺히는 부분의 이름이다. 추녀라고 하는 이도 있고 처마라고 하는 이도 있다. 결론

영광 불갑사 처마 끝에 매달린 고드름이 마치 리듬감 있게 연주를 하는 듯하다. ⓒ김인호

부터 말하면 처마가 맞다. 지붕의 아래쪽 끝 부분은 벽보다 바깥쪽으로 훨씬 길게 내밀어 있어 비가 올 때 대청마루에 앉아서 물이 떨어지는 모습을 볼 수 있는데, 그 부분이 바로 처마다. 그래서 겨울철에는 눈이 지붕을 타고 녹아내리다가 지붕 끝, 다시 말해 처마 끝에 고드름이 줄줄이 맺히는 것이다.

그럼 추녀는 어느 부분일까? 건물의 전면과 측면의 모서리에서 45도로 길게 빠져나간 지붕의 아주 굵은 구조 부재가 바로 추녀다. 추녀는 지붕을 크게 만들어 처마를 벽보다 길게 내밀도록 해준다. 처마가 건물의 앞뒤에만 있는 맞배지붕에는 추녀가 없고 앞뒷면과 양 측면에 처마가 있는 팔작지붕, 우진각지붕, 모임지붕에는 모두 추녀가 있다.

처마는 완만한 곡선 형태로 만들어진다. 실제로 한옥을 지을 때 양쪽 추녀 끝에 '평고대'라는 얇고 긴 나무 부재를 연결하여 늘어지도록 하면 자연스럽게 완만한 곡선이 생긴다. 그러면 그 곡선에 맞추어 처마를 만든다. 이때 '도편수'라는 전통건축가의 솜씨와 안목이 더해져 한옥은 처마 곡선의 멋을 더해간다. 실제로 구조체를 형성해 갈 때는 긴 수평 부재인 도리 위에 서까래가 얹히는데 양쪽 추녀 옆에는 얇고 긴 삼각형의 '갈모산방'이라는 부재 위로 부챗살처럼 생긴 선자서까래가 얹히면서 지붕이 들려 올라가는 모양이 된다. 그래서 지붕은 아주 무거운 부분인데도 가볍고 날렵하게 날아오르는 새의 날개 모양을 하게 된다. 이것은 우리 조상의 뛰어난 조형적 감각을 보여주는 한 예다. 같은 규모의 한옥이라도 추녀의 내

광한루의 처마 곡선은 보는 이들이 한옥의 아름다움을 가슴 깊이 새기기에 충분하다. ⓒ정지성

통도사 극락보전의 활주
건물 면적과 비교하면 지붕이 너무 커 추녀 밑으로
보조 기둥을 세웠는데, 이를 활주라 한다.

민 길이가 다르면 지붕의 크기가 달라져 집의 크기도 달라 보인다. 추녀를 길게 내밀수록 지붕과 처마는 커질 수 있지만, 추녀를 과도하게 많이 내밀면 자칫 지붕이 뒤집어져 무너질 수 있다. 이러한 현상을 방지하도록 추녀의 아랫부분에 직접 작은 샛기둥을 두기도 하는데 이 기둥을 '활주'라고 한다.

추녀는 지붕에서 중요한 요소로 처마의 내민 길이를 결정하고, 아름다운 한옥의 처마 곡선을 만들 수 있도록 해준다. 때로는 추녀 끝에 풍경을 달아 바람이 다녀가는지도 알 수 있다. 하지만 비나 눈이 직접 닿을 수 없도록 기와 아래에 있으며 그 끝이 들려 올라가 있기 때문에 고드름이 매달릴 수는 없다. 한옥의 처마 끝에 줄줄이 매달려 있어 겨울철 늦은 햇빛에 반짝이며 아름다운 겨울 풍경을 만들어주던 고드름은 이제 추억 속에 남아 있는 그림이 되었다.

키 큰 나무는
왜 집 가까이
심지 않을까?

　　　　　　　　요즘처럼 물자가 넘치고 아파트가 많은
풍족한 시대에도 내 집 장만은 한 가정의 큰 목표이자 평생소원이다. 마찬가지로 우리 선조들에게도 집을 장만하는 것은 한 가문의 역사였다. 집을 지으려면 엄청난 비용과 노력이 들어가지만, 한번 지어놓은 집은 몇 대에 걸쳐 가꾸고 다듬었기에 오늘날까지 멋지고 아름다운 모습으로 남아 있다. 요즘 짓는 집은 건축주의 요구나 사용하는 재료에 따라 비용 차이가 많이 나지만 옛날에는 어느 집이나 거의 같은 재료로 집을 지었다. 보통 자기 고장에서 많이 나는 재료를 사용했는데 보통은 나무나 돌 또는 지푸라기 등으로 집을 지었다. 잘사는 집은 지붕에 기와를 얹기도 했다. 기둥과 보를 구성하는 골조 부분에도 비용이 많이 들지만, 그중에 유난히 비용을 많이 잡아먹는 곳이 바로 지붕이었다.

지붕은 보와 도리, 추녀, 서까래 등으로 구성되어 있다. 그리고 그 위에 개판이나 산자를 덮어서 적심과 보토를 얹고 기와를 잇는다. 기와에는 암키와와 수키와가 있는데 암키와가 겹쳐 놓이고 수키와 암키와끼리 만나는 부분을 덮으면서 골이 생겨 지붕의 배수를 돕는다. 집을 지을 때 비용과 시간이 상당히 들어가기 때문에 우리 조상은 집을 효과적으로 유지·관리하기 위해 주택의 약점이 될 수 있는 요인을 차단하는 여러 가지 장치와 방법을 고안했다. 그리고 특별히 제작비용이 많이 드는 지붕의 유지·관리에 신경을 많이 썼다. 지붕을 유지·관리하는 데 가장 큰 문제는 기와가 낡아서 물이 새는 일이 생기지 않게 하는 것이었다. 기와는 불에 구워 만들기 때문에 깨지지 않는 한 방수에 문제가 없다. 따라서 기와가 깨지지 않도록 예방하는 것이 중요한데, 그중 한 방법이 키가 큰 나무를 집 가까이, 다시 말해 지붕 가까이 심지 않는 것이다.

키가 큰 나무는 대개 활엽수로 가을철에 잎이 진다. 때로는 낙엽이 지붕 위에 떨어져 쌓인다. 비가 내리면 지붕에서 즉시 흘러내려야 하는데 지붕에 낙엽이 쌓여 있으면 그 때문에 빗물이 한동안 고여 있게 된다. 그러

지붕 위에 이끼와 풀이 자라게 되면 결국 어느 때인가는 보수를 해야 한다. ⓒ장윤희

앞이 시원하게 트여 있는 전통 가옥의 마당 ⓒ장윤희

면 습기가 오랫동안 남게 돼 문제가 생긴다. 또 가을철이면 나무의 씨앗들이 날아다니다 지붕에 내려앉는 경우가 종종 있다. 이때 지붕에 걸리는 것이 없으면 비가 내릴 때 씨앗도 따라 쓸려 내려가겠지만, 무언가에 걸려서 지붕에 오래 머물다 보면 씨앗이 뿌리를 내리게 된다. 오래된 한옥을 답사하다 보면 지붕에서 자라는 식물들을 간혹 보기도 한다. 그러면 기와에 금이 가거나 틈이 생겨 물이 고이고 그 물은 어느 틈엔가 집 안으로 스며든다. 비용을 가장 많이 들인 지붕에 이러한 문제가 생기면 얼마나 곤란할까? 그래서 우리 조상은 집 가까이에 키가 큰 활엽수를 심지 않았다.

그러면 침엽수인 소나무는 심었을까? 소나무도 낙엽이 지므로 지붕보다 높이 자라지 않는 소나무는 심었지만 키가 아주 큰 소나무를 집 바로 옆에 심는 일은 흔치 않았다. 키가 큰 나무 중 집 가까이 심은 거의 유일한 수종이 바로 대나무다. 대나무는 낙엽이 많이 지지 않고 잎이 마르더라도 가지에 붙어 있기 때문이다. 남쪽 지방의 시골에서는 지붕너머 뒷산에 대나무가 많은 집을 어렵지 않게 볼 수 있다.

대나무는 일반적으로 꽃을 피우지 않고 뿌리로 번식한다. 그런데 환경에 급격한 변화가 생겨서 생존에 위협을 느끼면 평생 단 한 번 꽃을 피워 씨앗을 바람에 날려 보낸 뒤 얼마 안 있어 죽는다고 알려져 있다. 대나무는 꽃을 피우기가 몹시 어렵다. 뿐만 아니라 꽃을 피운 후에는 죽음을 맞이하기 때문에 이 현상을 '개화병'이라고 한다. 대나무는 뿌리로 번식하며 무리지어 있어서 어느 한 그루에만 꽃이 피지는 않는다. 그래서 대개 집단으로 꽃을 피운 후 전체가 하얗게 변하고 만다.

어찌 됐든 대나무를 제외한 키 큰 나무는 집의 지붕을 덮을 정도로 가까이 심지 않았다. 늦여름이나 초가을이면 우리는 늘 태풍의 영향으로 큰 피해를 입는다. 나무가 뿌리째 뽑혀 도로를 막거나 교회 탑이 건물 위로 넘어져 자동차가 파손되고 재산과 인명에 손해를 주기도 한다. 이런 자연재해를 예방하는 차원에서도 큰 나무를 집 가까이 심지 않았다. 이를 통해 자연을 즐기되 그 힘 앞에 겸손했던 선조의 지혜를 엿볼 수 있다. 오늘날 철근콘크리트로 지어진 집이라도 물을 속히 제거해야 하는 원리는 옛집과 다를 바 없다. 자연의 힘을 인정하고 순리를 따르는 지혜가 우리에게도 필요하리라.

한국화에는
왜 길고 좁은
액자가 많을까?

"가로 본능이야."

한때 유행했던 가로형 휴대전화 광고의 카피다. 요즘은 대부분 스마트폰을 쓰기 때문에 필요에 따라서 가로세로를 선택해서 보지만 스마트폰이 나오기 전에는 대부분의 휴대전화는 세로형 화면이었다. 세월이 지났지만 그런 광고 문구가 있을 정도로 눈의 구조상 세로보다는 가로가 편하다. 그런데 가정에 있는 한국화나 붓글씨 액자들은 대부분 가로가 좁고 상대적으로 세로가 긴 편이다. 또는 반대로 가로가 길고 세로 폭이 좁은 형태도 많다.

자주 접해 익숙하게 느껴지는 한국화와 달리 중국화는 한국화와 비슷하면서도 무언가 다르다. 우선 색상이 무척 화려하다. 또한 형태가 다르

우리나라의 대표적 양반가옥인 논산의 명재 윤증 선생 고택
대청마루. 마당을 향한 쪽은 기둥만 있고 뒤쪽으로도 벽의 상당 부분이 개방되어 있다. 공간은 넓지만 그림을 걸 만한 벽은 많지 않다.

다. 긴 직사각형이 많은 한국화와 달리 중국화는 상대적으로 정사각형에 가까운 것이 많다. 왜 이런 차이가 있을까? 이를 생각해보면 그림뿐만 아니라 건축을 바라보는 또 다른 안목이 생겨서 재미있고, 문화를 이해하는 폭도 넓어진다. 한국화도 최근에는 정사각형에 가깝거나 큰 규격의 가로 혹은 세로로 긴 그림이 보이기도 하지만 과거로부터 흘러온 흐름을 뒤집을 정도는 아니다. 그렇다면 왜 한국화는 세로로 길거나 가로로 긴 형태를 보일까?

이는 전시공간과 밀접한 관련이 있다. 전통적으로 한국화의 전시장은 전통 주거인 '한옥'이었다. 한옥은 구조 형식이 우리가 일반적으로 사는 양옥집이나 아파트와 달리 벽에 의한 지지 방식이 아니라 기둥과 보로 짜 맞춰진 가구(架構)식 목조 주택이다. 이것은 구조가 벽에 의해 지지가 되는 것이 아니고 기둥과 보의 짜 맞춤구조로 집 전체를 지지하는 방식이다. 그래서 필요에 따라 벽을 없애거나 만들더라도 구조에는 영향을 주지 않는다. 이는 요즘 지어지는 벽식 구조의 서양식 목조주택과도 크게 다른 점이다. 그렇다 보니 한옥에서 구조의 안정은 기둥과 보로 모두 해결되었고 벽은 그저 공간을 구획하는 정도로 사용된다. 한옥에서는 벽이 대부분 큰 창이나 문으로 되어 있음을 쉽게 볼 수 있다. 또 지붕이 크고 처마가 길어서 실내로 햇빛이 잘 들어오지 않는다. 이는 햇빛을 가려주는 효과는 좋지만, 생활에 필요한 조도는 오히려 부족할 수 있다. 따라서 넓은 정면이 남향이 되도록 배치하는 것이 가장 중요하고 그 후 적절한 채광량을 확보하기 위해 벽의 상당 부분을 개구부로 만들어 창이나 문을 두고 창호지를 발라 열어젖힐 수 있도록 했다. 이렇게 하면 여름철 통풍에도 상당히 유리한 구조가

담양 소쇄원에 있는 식영정
나무로 된 보와 도리에 가로형 액자들이 걸려 있다. S자로 휘어진 충량이 일품이다 ⓒ홍미경

오죽헌에 걸려 있는 좁은 가로형 현판들
중부지방은 남부지방보다 막힌 벽이 많다. 추위에 적응한 흔적이다. ⓒ정지성

된다. 이는 남방형 주택의 성향이 강한 한옥의 주요한 특징이다.

이러한 건축 현상은 남도에서 두드러지게 나타나는데, 재미있게도 한국화는 이곳에서 유난히 발달했다. 이것은 조선 시대에 죄를 짓거나 정치적 이유로 조정의 미움을 받게 된 사람들이 한양에서 가장 먼 남쪽지방으로 보내졌고, 유배된 사람 중 유능하고 재주 많은 이들이 평생 소일거리로 그림과 글씨를 많이 연습했기 때문이리라. 그 뒤 후손들에게 재능이 유전되면서 자연스럽게 글과 그림에 탁월한 이들이 그 지역에서 많이 배출된 것이다.

그림은 걸 수 있는 벽의 면적을 고려하여 그려졌을 것이고, 이동과 관리를 위해 둘둘 말았다 펼쳐서 걸 수 있도록 대부분 족자 형태로 만들어졌을 것이다. 위에서 언급한 대로 남쪽지방의 한옥은 따뜻한 남방형인지라

기둥을 제외하면 대부분 열리거나 고정되지 않는 가변형 개구부여서 큰 그림 한 장 제대로 걸 수 있는 벽이 거의 없을 정도다. 그래서 기둥에 걸거나 기둥 주위의 좁은 벽에 의존할 만한 크기와 형태의 그림이 발달할 수밖에 없었다. 큰 변화라면 기껏해야 가로 길이가 길고 세로 폭이 짧은 그림이나 글씨를 문이나 창의 위쪽에 거는 정도다. 그나마 그림을 제대로 걸 수 있는 장소는 방과 대청의 북쪽 벽 정도인데, 이곳에는 뒤주를 비롯한 주요 가구가 있었기 때문에 역시 큰 그림이 자리 잡기는 여의치 않았을 것이다.

하지만 오늘날에는 그림 크기에 제한을 받지 않는다. 문화가 달라지고 건축도 많이 달라지면서 그림을 걸 수 있는 넉넉한 벽이 생겼기 때문이다. 이러한 건축 인프라의 변화는 문화 흐름에 다양성을 갖게 했다. 그리고 과거와는 다른 새로운 예술분야가 창조되는 데도 일조하게 되었다. 그 자체로도 문화인 건축이 그 속에 담아 내는 문화까지 변화시키니 얼마나 대단

벽의 주요한 부분에는 그림대신 자연이 들어앉았다. 이 공간으로 살아있는 바람과 햇빛이 들어온다.

윤증 고택의 넓은 대청은 가야금병창을 하기에도 좋을 정도로 넓게 열려 있어서 찾는 이들의 눈과 귀를 즐겁게 해준다. 뒷벽 위쪽에 걸려 있는 긴 액자는 벽 면적에 비해 커 보인다.

한 일인가.

  요즘 신세대는 대중매체의 영향을 많이 받고 자란다. 그중 대표적인 것은 컴퓨터와 텔레비전 그리고 휴대전화다. 이 역시 가로형 화면이 대세고 또한 현란한 빛깔의 결정판이다. 여기에 익숙해진 젊은 세대가 자신의 눈에 익지 않은 흑백의 세로형 그림이나 액자에 대한 선호도가 낮은 것은 어쩌면 당연한 일이다. 최근 한국화에서도 젊은 작가들이 크기와 색채는 물론 소재와 표현방식까지 다양한 변화를 시도하는 것을 볼 수 있다. 이것 역시 문화의 요구를 따르는 흐름이리라. 우리 민족의 정서가 고스란히 녹아 있는 아름다운 한국화가 새로운 건축 인프라 위에서 날개를 달고 더 높이 날아오르기를 소망한다.

천정과
천장

　　　천정과 천장은 자주 헷갈리는 단어로 지금도 혼용되고 있다. 그런데 몇 년 전부터 이런 혼란을 피할 수 있게 되었다. 이유인즉 표준어 규정 제2장 제4절 제17항에서 비슷한 발음의 몇 형태가 쓰일 경우, 그 의미에 아무런 차이가 없고, 그중 하나가 더 널리 쓰이면, 그 한 형태만을 표준어로 삼는다는 근거에 따라서 '천장(天障)'을 표준어로 삼았기 때문이다. 그래서인지 어떤 한글 프로그램은 '천정'으로 타자하면 삑 소리가 나면서 저절로 '천장'으로 바뀌어 한글맞춤법이 틀렸음을 깨우쳐준다.

　　　그런데 정말 '천정'과 '천장'은 의미가 같을까? 천장(天障)은 '하늘 천(天)'에 '가로막을 장(障)'을 사용한다. 그야말로 건축 구조로 하늘을 가리는 부분을 의미하는 것이다. 옛 한옥을 생각해보면 대청마루와 방의 윗부분이 서로 다름을 알 수 있는데, 대청마루 위의 지붕 구조체인 서까래가 직접 보이는 형태가 바로 '천장(天障)'으로, 하늘을 막고 있는 부분을 말한다. 한편, 천정이라는 단어가 없어진 이유가 천정(天井)의 정(井) 자가 우물을 뜻하는 말이기 때문이라고 한다. 반자를 의미하는 단어에 '우물 정' 자가 들어갈 이유가 없다는 것이다. 또는 천정은 북한식 표현이라고도 한다. '반자'는 방 윗부분에 종이 등 가벼운 재료로 막아놓은 면으로, 요즘은 석고 보드도 많이 사용한다.

전통 한옥에서는 반자를 구성하는 여러 방식 가운데 하나로 '우물 반자'라는 것이 있다. 가로세로 격자의 틀에 판이 끼워져 있는 모습으로 주로 사찰이나 궁궐에서 사용하는 상당히 품위 있는 반자 형식이다. 그 형태가 가로세로 격자로 되어 있기 때문에 부분적으로 보면 '우물 정(井)' 자처럼 보이기도 한다. 그래서 우물 반자라고 한 것이다. 그런 우물 반자를 한자로 옮겨서 천정(天井)이라고 했다. 따라서 요즘 건물에 쓰이는 반자(Ceiling)는 천정에 해당한다고 할 수 있다. 한옥에서 방은 어떤가? 서까래는 반자에 가려 보이지 않으니 그 반자를 천정이라 하는 것이 옳다.

그렇다면 한옥에서 천장과 천정의 높이를 다르게 만든 이유는 무엇일까? 그것은 조상의 사람에 대한 배려에서 찾아볼 수 있다. 방은 주로 앉아서 생활하는 공간이고 대청마루는 밖을 나갈 때 서서 이용하는 공간이라고 생각해서 높이를 달리한 것이다. 따라서 방에서는 앉아 있는 사람의 어깨 위 공간으로 사람 한길 높이 정도를 더한 여유를 두었고, 대청마루는 서 있는 사람을 기준으로 어깨 위 한길 정도 높이를 두어 만들었다. 오

우물반자는 '천정'이라 하는 것이 맞다. ⓒ장윤희

늘날 모든 천정의 높이가 똑같은 것보다는 훨씬 과학적이고 합리적인 생각이다.

요즘에도 노출콘크리트나 제물치장 마감을 하는 건물 내부에서 반자가 있으면 천정, 없으면 천장이라고 해야 할 텐데 천정이라는 단어를 없애버렸으니 이 둘을 어찌 구별할 수 있을까? '천정'은 전문용어도 아니지 않은가. 우리 건축에 대한 의식이 부족해 벌어진 일인 것 같아 안타깝기 그지없다. '짜장면'도 표준어가 되는 마당에 엄연히 뜻이 다른 '천장'과 '천정'은 개별적으로 표준어가 되어야 함이 마땅하지 않을까? 외세에 빼앗긴 우리의 문화유산을 되찾아오는 것도 중요하지만, 우리의 무지 때문에 스스로 파괴하거나 없애는 문화는 어찌해야 하는지 깊이 생각해볼 문제다.

연등천장
지붕을 이루는 구조체는 하늘을 막는다는 의미의 '천장'이라 해야 한다. ⓒ장윤희

사계절이 있어서 살기 좋다?
건축물에도 내복을 잘 입히자
겨울에 북서풍이 부는 이유?
벽에도 이슬이 맺힌다?
온실 효과(Green House Effect)

CHAPTER 07

건축,
왜 친환경이어야 할까?

사계절이
있어서
살기 좋다?

십몇 년 전에 필자는 유럽을 여행하면서 깜짝 놀란 적이 있었다. 건물의 수명이 보통 100~200년 이상이라는 말을 들었기 때문이다. 소규모 단독주택도 100년쯤은 거뜬히 넘었으며 영국에서 잠시 머무른 친구의 아파트도 100년이 넘었지만 사용하는 데 전혀 문제가 없었다. 그와 비교하면 우리나라 건물들은 어떤가? 20년만 지나면 재건축한다고 야단이다. 요즘 지은 것은 좀 낫지만, 예전에 콘크리트로 지은 아파트들은 30년쯤 지나자 낡고 흉물스럽게 변하고 말았다. 벽돌로 지은 단독주택은 오래되면 집값을 보전하기는커녕 땅값만으로도 거래되는 실정이다.

빼곡히 모여 있는 건축물
유럽은 우리나라와 달리 건물과 건물이 붙어 있어서 독특한 정취가 느껴진다.
겉으로 보기에도 아주 오래된 듯한 건물들이 쉽게 눈에 띈다. 물리적으로는 지반이 약해서 서로 지탱하며 서 있을 수 있도록 했다고 한다. 그러나 정서적으로 보면 외부침략에 대비한 방어의 의미가 표출된 형태로 보여진다.

　　그렇다면 우리나라 건물과 유럽 건물의 수명 차이가 심한 이유는 무엇일까? 일반적으로 우리나라는 사계절이 있는 온대성 기후지역에 속해 있다. 하지만 봄, 여름, 가을, 겨울이 뚜렷하게 구분되는 기후는 사람이 살기에는 좋을지 몰라도 건축물이 견디기에는 무척 어려운 조건이다. 무더운 여름에는 30~40도에 가까운 더위를 이겨야 하고 추운 겨울에는 지방에

한옥은 더운 나라와 추운 나라의 대표적 건축언어인 마루와 온돌이 공존하는 세계 유일의 주거형식이다. 우리나라는 세계적인 선진 건축문화를 가지고 있다.

따라 영하 10~20도가 넘는 곳도 있으니 온도 차는 무려 50~60도를 넘나들게 된다.

우리나라 건물의 수명이 짧은 가장 큰 이유는 바로 여기에 있다. 여름에는 건축물이 더위 때문에 팽창하고 겨울에는 추워서 잔뜩 수축하니 제아무리 튼튼하게 만들어졌어도 수축과 팽창을 몇 십 년 동안 반복하면 오래 버틸 재간이 없다. 이른 바 건물에 골병이 드는 것이다. 유럽의 따뜻한 일부 지역은 겨울에 아무리 추워도 영하로 내려가지 않는다. 그리고 여름에도 몇몇 곳을 제외하면 30도 내외라고 한다. 그래서 건물도 수축과 팽창에 따른 변형이 크지 않은 것이다. 심지어는 우리나라보다 위도가 높은 섬나라 영국의 기후도 이와 크게 다르지 않다.

  재료 문제도 중요하다. 나무로 지은 집이 콘크리트로 지은 집보다 약할 것 같지만 오히려 기온과 습도의 변화에 더 융통성을 발휘한다. 나무는 수축과 팽창을 스스로 조절할 수 있고 습도 조절에도 뛰어난 능력을 보인다. 하지만 콘크리트나 벽돌집은 재료의 특성상 그렇지 못하니 여름과 겨울의 온도 차가 심한 나라에서는 수명이 짧을 수밖에 없다. 우리나라는 여름에 덥고 겨울에 추우므로 여름에는 냉방을, 겨울에는 난방을 해야 한다. 이러한 조건은 선조의 지혜가 발현되는 이유가 되었다. 지구상의 어떤 나라도 하나의 건축공간에서 냉난방 시스템을 함께 갖춘 예는 없다. 이는 우리 한옥이 유일하다.

  사람들은 흔히 건물을 이야기할 때 남방형, 북방형으로 나눈다. 더운

울타리 너머 장독 안의 장은 세월의 흐름과 함께 햇볕과 바람에 맛있게 익어갈 것이다.

나라의 가옥형태를 남방형, 추운 나라의 것을 북방형으로 부르는 것이다. 타이를 비롯한 동남아의 주택들과 적도 인근에 있는 나라의 주택형식은 모두 남방형이다. 이들의 주택은 더울수록 지면에서 위로 올라가 마루를 설치하는 특징을 보이는데, '마루'라는 말에는 '높다'라는 의미가 담겨있다. 더운 지방에서 마루를 두어 바닥을 높게 설치하는 이유는 지면에서 멀어질수록 복사열이 적어지기 때문이다. 지면에서 아주 먼 곳에 있는 높은 산들의 만년설이 녹지 않는 것을 생각해보면 알 수 있다. 지면에서 방사되는 복사열이 산 정상까지 도달하지 못하기 때문에 눈과 얼음이 녹지 않고 그대로 보존되어 있을 수 있다. 또 다른 이유로는 바람을 통해 열을 식히는 효과를 기대할 수 있다. 마루 위의 열은 바람을 통해 식으며 마루 아래의 다습한 공기 또한 바람이 불면 제거되어 쾌적하게 시원해진다.

이와 반대로 추운 나라의 주택일수록 지면과 가깝고 오히려 땅속으로 파고드는 경향을 보인다. 그래서 바람의 영향을 덜 받고 추위도 피할 수 있다. 온돌을 비롯한 난방장치를 설치해서 추위를 적극적으로 극복하기도 하는데, 이러한 주택형식을 '북방형'이라고 한다. 우리나라의 한옥은 이러한 두 가지 특징인 높은 '마루'와 낮은 '온돌'을 같은 높이로 채택한 세계 유일의 주택 형식이다. 그래서 여름에는 시원한 마루인 '대청'에서 주로 생활하고 겨울에는 구들을 들인 온돌방에서 생활했다. 이쯤 되면 우리나라가 건축문화의 선진국이었음을 누구도 부인하지 못할 것이다. 역설적이게도 우리에게 경제적 부를 안겨준 새마을운동 때문에 우리의 선진 건축문화는 오히려 단절되는 불운을 겪게 됐다.

주변에서 쉽게 볼 수 있는 주택가 풍경
전통을 계승한 것도 아니고 그렇다고 현대적인 디자인이 가미된 것도 아닌 채로 공급되어 사용되고 있다.

 어쨌든 사람에게는 살기 좋은 사계절이 건물에게는 아주 견디기 어려운 조건이 된다는 것을 생각할 필요가 있다. 우리 조상은 주어진 환경을 이렇게 적극적으로 극복했다. 한옥에는 자연을 거스르지 않고 잘 이용하는 지혜로운 개념과 요소가 많다. 이러한 훌륭한 문화적 가치를 우리 스스로 버리는 우매한 짓은 하지 말아야 할 것이다.

건축물에도
내복을
잘 입히자

"에취." "콜록콜록."

겨울이면 주변에서 흔히 들을 수 있는 소리다. 감기에 걸리지 않고 겨울을 지낸다는 것은 건강하다는 증거기도 하다. 이를 위해 부모님은 우리에게 외출 후 돌아와 양치질과 손발을 꼭 씻고 옷을 따뜻하게 입으라고 귀에 못이 박이도록 사랑의 잔소리를 해오셨다.

사람과 마찬가지로 건물도 병이 나지 않게 하려면 관리를 잘해야 한다. 건물이 병들면 그 안에 사는 사람도 피해를 입는다. 우리나라의 경우 여름과 겨울의 연교차가 워낙 커서 건물이 수축과 팽창함에 따라 미세한 피해를 입는 것은 어쩔수 없다. 하지만 추운 겨울을 따뜻하게 지내려면 우선 단열이 잘되어야 한다. 지극히 당연한 말이지만 난방을 아무리 잘해도 그 열이 모두 밖으로 나가버린다면 열효율이 떨어질뿐더러 난방비만 터무니없이 많이 나온다. 추운 날 모닥불을 피우면 불꽃 앞에서는 몸을 따뜻하게 할 수 있지만 조금만 멀어져도 금방 추위를 느끼지 않는가? 이렇듯 건물 난방을 아무리 잘하더라도 창문을 모두 열어둔다면 별 소용이 없다. 창과 문을 모두 닫아야 하는 것은 물론 추가로 '단열'을 잘 해야 한다.

단열을 하는 이유는 겨울에는 내부의 따뜻한 공기가 밖으로 나가지 못하게 하고, 반대로 여름에는 바깥의 뜨거운 열기가 안으로 들어오지 못하게 하기 위해서다. 여름철 무더위에 냉방할 때 내부의 차갑고 시원한 공기가 바깥으로 빠져나가지 못하게 하는 것도 에너지 절약을 위해서는 상당히 중요하다. 사람으로 보면 내복을 잘 갖춰 입는 것이 추위를 이겨내는 방법인 셈인데, 내복 여기저기에 구멍이 나 있다면 안 입은 것보다야 낫겠지만 따뜻함이 훨씬 덜할 것이다.

건물에도 단열재를 잘 시공하여 내복을 입히는 것이 에너지 절약과 환경 측면에서 유리함은 두말할 나위가 없다. 단열의 원리는 열 차단인데, 크게 세 가지 방법이 있다. 우선 가장 보편적이고 일반적 방법인 '저항형 단열', 즉 스티로폼을 사용하는 것이다. 공기는 다른 재료보다 열이 쉽게 전달되지 않기 때문에 대부분 단열재는 공기층을 형성할 수 있는 재료로 만들어진다. 스티로폼은 이런 원리로 만들어졌기에 부피가 큰데도 비교적 가볍다. 같은 무게에서 최대한 부피를 크게 하면 내부에 공기층이 많이 생기는 원리로 만든 것이 바로 스티로폼이다. 스티로폼은 건축뿐만 아니라 생활 주변에서 쉽게 볼 수 있는 일회용 도시락 용기, 신선해산물을 담는 용기 등 여러 곳에 사용한다.

두 번째 방법은 '용량형 단열'이다. 필자는 처음 유럽 여행을 할 때 건물 벽 두께가 80cm 이상인 것을 보고 크게 놀랐다. 유럽에서는 벽난로에 의존해 난방하거나 난방장치가 아예 없는 곳도 있다. 이들은 대부분 역사가 오래된 건물이다. 그때 묵었던 아파트는 100년도 더 되었는데, 그 정도면 젊은 편에 속하며 200년 이상 된 건물도 흔하게 볼 수 있다고 한다. 이 건물들이 지어질 때는 난방 기술이 충분히 발달하지 않았기에 해결책으로 고안된 것이 바로 '용량형 단열'이다. 벽을 아주 두껍게 만들어 더운 낮에는 그 열기가 벽두께 때문에 내부로 들어가지 못하게 하고, 반대로 차가운 밤이 되었을 때 낮에 데워졌던 두꺼운 벽에서 온기가 실내로 방사되어 추위를 이기는 데 도움이 되게 하는 방법이다. 이것을 난방이라고 할 수는 없겠지만, 단열의 한 방법이다.

이탈리아 베로나 로마광장 인근의 오래된 주택
두꺼운 벽체로 인한 용량형 단열을 보여준다.

반사형 단열재를 이용하여 시공하는 모습
빈틈없이 구석구석 붙이는 것이 중요하다.
ⓒ홍미경

세 번째로는 '반사형 단열'이 있다. 거울처럼 반짝이는 금속성 재질의 얇은 막을 이용하여 햇빛과 열을 반사해 단열하는 방법이다. 단열재의 부피나 두께가 얇고 중량이 가벼우며 건축물의 벽 두께를 줄일 수 있지만 공기층을 확보하지 않으면 실효를 거두기 어려워 시공할 때 주의해야 한다.

이 모든 경우 가장 중요한 것은 역시 열효율이다. 앞서 말했지만 가장 많이 사용하는 방법은 저항형 단열, 즉 스티로폼을 시공하는 것이다. 사람이 내복을 입듯이 빠짐없이 구석구석 꼼꼼하게 시공하는 것이 중요하다. 과거에는 어쩔 수 없는 부분이라 생각했던 창마저도 요새는 유리 사이에 공기층이 있는 '복층유리'로 만들어 사용한다. 그래서 유리도 단열이 되는 셈이다. 평평한 부분은 단열을 못할 부분이 거의 없기에 문제가 없지만 면이 구부러지는 부분은 특별히 신경써서 꼼꼼히 단열해야 한다. 심지어 유리가 끼워져 있는 프레임 내부까지 단열해야 비로소 완벽한 단열이라 할 수 있다.

하지만 현실에서는 분명 완벽하게 단열할 수 없는 상황이 생긴다. 어떤 부분은 내부에서 단열해야 하고, 어떤 부분은 외부에서 단열해야 하는 경우가 있는데, 이럴 때는 내·외부 단열이 연결되지 않으므로 완벽한 단열을 기대할 수 없다. 이 때문에 열의 이동 통로가 생기는데, 이러한 현상을 '열교(Heat Bridge)' 또는 '냉교(Cold Bridge)'라고 한다. 건물은 이런 열교 또는 냉교가 되도록 생기지 않도록 설계 단계에서 충분히 고려해야 한다. 사람이 내복을 입듯이 건축물에도 내복을 잘 입혀야 사람이 편안하고 안락하게 살 수 있는 좋은 집이 될 수 있다.

겨울에
북서풍이
부는 이유?

"그대 이름은 바람 바람 바람~ 왔다가 사라지는 바람~"
어릴 적 많이 흥얼거렸던 대중가요의 한 소절이다. 학창시절에 필자는 통학을 위해 버스를 타면 늘 창을 열고 바람을 쐬는 버릇이 있었다. 시원한 바람이 얼굴에 와 닿을 때의 느낌이 좋아서였다. 그 느낌은 지금도 그대로다. 자유로를 달리며 열린 창으로 세차게 들어오며 부딪히는 바람은 머리카락이 휘날리는 것 이상으로 기분을 아주 상쾌하게 만들어준다. 이처럼 바람은 사람의 기분에 큰 영향을 미치는 것 같다.

바람은 주변 환경과 기후에도 영향을 준다. 액체나 기체가 온도 차 또는 압력 차로 움직이는 것을 대류라고 하는데, 이 대류로 바람이 저절로 생긴다. 액체 또는 기체의 성질상 온도가 따뜻한 물질이 위로 상승하는데, 목욕탕 안의 물이 아래쪽보다 위쪽이 더 뜨거운 것은 대류 때문이다. 이러한 현상은 공기도 마찬가지다. 공기가 데워져서 온도가 높아지면 대류현상으로 따뜻한 공기가 위로 올라가게 된다. 그리고 원래 공기가 있던 자리의 밀도가 낮아진 탓에 근처에 있던 다른 차가운 공기가 저절로 끌려온다. 이러한 공기의 움직임에 따라 '바람'이 생긴다.

한낮에 똑같이 햇빛을 받더라도 물질의 성질에 따라 온도가 다르다. 육지를 구성하고 있는 흙이나 바위, 모래 등은 빨리 데워지고 빨리 식는다. 그렇지만 바다를 구성하는 물은 천천히 데워지고 천천히 식는다. 그래서 한낮에는 빨리 데워지는 육지의 온도가 높고 바다의 온도가 낮으며, 반대로 밤에는 바다가 낮에 받았던 태양열을 육지보다 천천히 발산하기 때문에 바다의 온도가 육지보다 높다. 온도가 높은 곳의 공기가 위로 상승하게 되면 그곳의 공기가 희박해지므로 주변의 차가운 공기를 끌어들이는 작용을 하게 되면서 낮에는 온도가 높은 육지 쪽으로 바닷바람이 불어오고 밤에는 육지에서 온도가 높은 바다 쪽으로 바람이 부는 것이다. 더 크게 보면 여름철에는 바다에서 육지 쪽으로 시원한 바람이 불고, 겨울철에는 육지에서 바다 쪽으로 찬바람이 불게 된다.

그렇다면 우리나라의 겨울철 계절풍인 북서풍에 대해서 생각해보자. 우리나라는 지형의 특성상 삼면이 바다로 둘러싸여 있고 한 면만 육지에 접해 있다. 이렇게 접해 있는 한 면의 방향은 북서면에 비스듬히 있다. 그리고 중국과 러시아 등 큰 대륙이 북서쪽에 있음은 다 아는 사실이다. 그게 바로 이유가 되어 여름철에는 바다 쪽에서 남동풍이 불고 겨울철에는 육지 쪽에서 북서풍이 불어온다. 만약 우리나라가 대륙에 접한 위치가 지금과 다르다면 당연히 바람이 부는 방향도 달라질 것이다.

우리나라는 예로부터 '남향' 집이 좋은 집이라고 생각해왔다. 이는 달리 표현하면 거실이나 대청, 방 또는 열린 부분이 남향이어야 한다는 것이다. 남향이 어렵다면 차선책으로 남동향이나 남서향 또는 동향 주택을 택하게 된다. 그것은 반대로 북쪽이나 서쪽이 벽으로 두껍게 막혀 있다는 것을 의미한다. 이렇게 하는 것은 여름철 더울 때 남동풍을 시원하게 받아들이고 겨울철 추울 때 차갑고 강한 북서풍을 두꺼운 벽으로 등져서 막아보자는 것이다. 그래서 북쪽의 창은 조망과 환기를 위해 꼭 필요한 만큼만 작게 내는 것이 유리하다.

하지만 우리나라에서도 지역마다 지형 조건이 다르므로 바람의 방향이 늘 일정할 수는 없다. 샛바람(동풍), 하늬바람(서풍), 마파람(남풍), 높바람(북풍), 높새바람(북동풍), 높하늬바람(북서풍) 등 이름이 아름다운 우리나라의 바람은 강우량이 충분해야 하는 농경문화와 밀접하게 관련되어 있기에 비를 다 뿌리고 가볍게 산을 넘어오는 건조한 바람은 좋아하지 않았다. 이에 대한 기록은 이중환의 《택리지》에도 남아 있다. 즉 영동 사람들은 서풍을 싫어하고 영서 사람들은 동풍을 싫어한다는 것이다. 습기를 잔뜩 머금은 차가운 구름은 바람과 함께 산을 넘기 전 비를 다 뿌려서 그 지역 농사에는 도움이 되지만, 가볍고 온도가 높은 바람으로 건조하게 된 채 산을 넘어가는 바람은 농작물에 큰 가뭄 피해를 주기 때문이다. 그래서 부는 방향에 따라 영동지방과 영서지방이 선호하는 바람이 달라지는 것이다.

한편 바람이 적고 폭염이 기승을 부리는 여름에는 아파트 고층보다 저층에 있는 집이 더 시원하다. 발코니가 위치한 남쪽은 온도가 높은 데 비해 북쪽의 녹지공간은 습기와 그림자 때문에 온도가 낮아져 있으니 자연스럽게 대류가 생겨 시원한 바람이 들어오게 된다. 하지만 높은 층은 대류가 생기기가 어려우니 바람이 없는 날은 저층보다 훨씬 더 더위를 느끼게 된다. 특히 1층에 필로티가 있는 아파트는 그러한 현상을 더 분명히 느낄 수 있다.

바람은 사람의 생활환경과 밀접한 관계가 있다. 양질의 삶을 살고 싶어 하는 사람일수록 환경을 많이 생각하고 자연을 보호하려는 맘을 갖게 되는 것은 어쩌면 당연한 일이리라. 볕이 잘 들고 바람이 잘 통하는 집이 가장 살기 좋은 건강 주택인 것은 누구나 안다. 그럼에도 가격과 학군에 따라 집을 선택하는 요즘 실태를 보며 가장 기본적이고도 중요한 것을 놓치고 사는 것은 아닌지 돌아볼 때가 되었다..

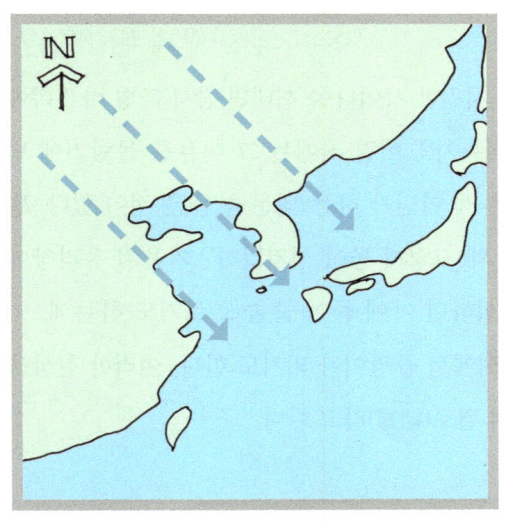

우리나라의 지정학적 위치 때문에 겨울이면 육지에서 바다로 바람이 분다. 따라서 겨울이면 북서풍이 분다.

벽에도 이슬이 맺힌다?

"아니 왜 이렇게 된 거야?"

더운 여름철에 냉장고에서 시원한 사이다를 꺼내면 잠시후 병 바깥쪽에 물이 맺히는 것을 본 적이 있는가? 어릴 적에는 그 이유를 몰랐기에 병 내부에서 사이다가 새어나온 게 아닌가 하는 의문을 품은 적이 있다. 병에 구멍이 있는 것도 아닌데 왜 그렇게 물이 생겨날까? 겨울철 유리창에는 왜 성에가 낄까? 성에가 심하면 아예 물이 줄줄 흐르기도 하는데, 어떤 집은 천정이나 바닥의 구석에서 곰팡이가 피기도 한다. 이러한 현상을 모두 이슬이 맺힌다는 의미의 결로(結露)라고 한다.

결로가 생기는 것은 공사 중 생긴 문제 때문이 아니다. 아무리 방수를 잘해도 결로는 생긴다. 공기 중에는 어느 정도 '습기'가 포함되어 있는데,

습도가 과하게 높아지면 불쾌지수가 높아지는데다 건강에도 해롭다. 그래서 적당한 습도 조절은 꼭 필요하다. 결로는 습도가 높은 공기가 차가운 벽과 만날 때 벽면에 물방울이 맺히는 것으로 벽 온도가 공기 온도보다 훨씬 낮으면 결로가 생긴다. 그래서 냉장고에서 꺼낸 사이다 병의 온도가 낮고 공기 온도가 그보다 높아서 사이다 병 바깥쪽에 물방울이 생기는 것이다. 이것은 주로 여름에 나타나는 현상이고 반대로 겨울에는 외부 온도가 낮은데 실내 온도가 높으면 유리창 안쪽에 성에가 낀다. 이때 우리 눈에는 잘 안 보이지만 실내 쪽 벽에도 습기가 맺히게 된다. 다만, 이중벽 덕분에 내부까지 결로가 생기지 않는 것이다. 결로를 방지하는 장치나 시설이 없다면 실내외 온도 차가 심할수록 물방울은 굵어지고 심지어 물을 부어놓은 것 같은 상황이 발생하기도 한다. 결로가 생기면 건물에도 피해가 가며 미관상 나쁠 뿐만 아니라 곰팡이 때문에 건강에도 악영향을 미치게 된다.

이처럼 결로의 가장 큰 원인은 온도 차이다. 하지만 그 밖에 다른 이유도 있다. 호흡을 하거나 가정에서 세탁이나 조리를 할 때 발생하는 습기, 환기 부족 등 생활습관에 따라 결로가 생기기도 한다. 단열공사를 제대로 안 한 경우에도 결로가 생긴다. 결로는 자연현상이기 때문에 완전히 없앨

지하주차장에 설치된 천창 덕분에 주차장이 밝아졌다. 하지만 오른쪽 벽에 물기가 있다. 내외부의 온도 차가 클 때 이슬이 맺히기 쉽다.

수는 없지만, 최소화할 수는 있다. 건물 내부의 표면온도를 높여서 집 안에 있는 습기를 제거하는 것이다. 장마철에 습기가 많아 축축하게 느껴지면 난방을 해서 건조하면 된다.

맑은 날 환기를 자주 해서 습한 공기를 몰아내는 방법도 있다. 그리고 더 적극적으로는 처음부터 단열공사를 아주 잘해서 아예 구조체를 통한 열 손실이 생기지 않도록 하는 방법도 있다. 벽체 표면에 결로가 발생하면 '표면 결로'라 하고, 벽체 내부에 발생하면 '내부 결로'라 한다. 집을 지을 때는 내부 결로를 방지하기 위해서 방습층을 설치한다. 이때 폴리에틸렌 수지로 만들어진 필름을 사용한다. 이는 우리가 보통 말하는 '비닐'인데, 이 비닐은 반드시 단열재의 안쪽, 즉 내부 쪽에 설치해야 효과를 볼 수 있다. 바깥쪽에서부터 순서를 보면 외부벽체(벽돌, 구조체, 마감재), 단열재, 비닐, 내부벽체(석고보드, 벽지 등) 순이다. 결로로 안쪽에 생긴 물이 더는 내부 벽으로 스며들지 않도록 비닐이 막아주어 습기 때문에 곰팡이나 얼룩이 생기지 않게 하는 것이다. 만약 이 순서를 뒤집어 외부벽체, 비닐, 단열재, 내부벽체 순으로 시공한다면 결로가 생긴 후 단열재 속의 곰팡이가 내부벽체로 옮겨올 가능성이 매우 크다. 그러면 벽지가 시커멓게 썩어 가는 것을 눈으로 보게 되는 것이다. 이 현상은 천정과 바닥의 모서리 부근에서 더욱 심각하게 나타난다.

아파트는 1층은 중간층이나 높은 층보다 습기가 더 많다. 지면과 가까이 있어 나무나 그림자의 영향으로 습도가 높기도 하지만 겨울철 온도 차 때문에 생기는 결로도 무시하지 못할 수준이다. 특히 발코니 쪽의 온도

지하실 벽에 이슬이 맺혀 있다. 따뜻한 공기가 차가운 벽에 부딪히면 물방울이 맺힌다. 이런 현상은 겨울이면 더 심해지며 곰팡이도 생길 수 있다. 이슬이 맺히지 않게 하려면 통풍을 잘 해주고 이중벽을 설치해 단열을 철저히 해야 한다. ⓒ몰드원

차는 아주 심해서 발코니 하부 단열에 대한 대비책 없이 발코니를 확장한 아파트는 그 온도 차로 결로현상이 생기는 것을 볼 수 있다. 하지만 프라이버시 문제로 창을 열어 환기하기도 부담되는 층인지라 1층의 많은 세대는 옷장 속의 옷들이 곰팡이 피해를 보는 일이 허다하다.

  문제를 하나 해결하면 또 다른 문제가 생기고, 그것을 해결하면 더 고민스러운 상황이 발생한다. 기술이 발달할수록 그에 따른 반대급부가 생기기 마련이다. 그러한 과정을 반복하면서 인류는 발전해왔다. 단열과 환기를 잘해주면 자연적으로 결로현상도 어렵지 않게 풀 수 있다. 쾌적하고 건강한 생활을 누리는 것은 행복한 삶을 살기 위해 대우 중요하다. 눅눅함을 없애고 기분 좋게 산다면 행복도 보송보송한 느낌으로 다가오지 않을까?

온실
효과

　　　　　엄동설한에 여름 과일을 찾는 노모 때문에 난감해하는 효자를 다룬 동화를 읽어본 적이 있을 것이다. 옛날에는 제철이 아니면 과일뿐 아니라 꽃도 볼 수 없었지만, 요즘은 겨울철이라도 어디서든 딸기를 파는 상인을 볼 수 있다. 뿐만 아니라 모든 채소와 과일 역시 한겨울에도 먹을 수 있다. 먹음직스럽고 큼지막한 예쁜 딸기는 원래 따뜻한 봄이 되어야 맛을 볼 수 있었는데, 요즘은 추운 겨울에도 비닐하우스에서 재배하기 때문에 계절을 가리지 않는다. 비닐하우스는 도심을 조금만 벗어나도 흔히 볼 수 있다. 1970년대 새마을운동 이후 보편화한 비닐하우스는 농사를 돕는 한 방법이기도 하지만 때로는 경제적 상황 때문에 어렵게 생활하는 분들의 집이 되기도 한다. 이렇게 겨울철에도 비닐하우스 안에서 농사를 짓거나 사람이 살 수 있는 이유는 추운 바깥과는 달리 그

도시 외곽으로 조금만 나가도 비닐하우스를 쉽게 볼 수 있다.

안은 따뜻하기 때문이다.

 태양이 하는 일은 물과 공기처럼 즉각적으로 나타나는 것은 아니지만, 생물체의 지속적인 생명연장을 위해 아주 중요하다. 태양의 두 가지 큰 작용은 '일조'와 '일사'다. 일조는 '빛'에 관한 작용이고, 일사는 '열'에 관한 작용이다. 태양에서 발산된 '고주파' 에너지가 우주의 먼 거리를 지나와서 지구에 부딪히면 지표면에 일정량 열을 축적했다가 그 열을 '저주파' 형태로 다시 방사하는데, 이를 복사열이라 한다. 고주파는 강력한 힘이 있어 투명한 물체를 통과할 수 있지만, 지면이나 물체에 한번 닿은 고주파는 힘을 잃고 저주파로 바뀌게 된다. 이때 저주파는 이미 힘이 약해져서 다시 방사

될 때 유리나 비닐을 뚫고 나오지 못한다. 비닐하우스가 열에너지를 모으는 장치가 되는 셈이다. 따라서 비닐하우스 내부 온도는 외부 온도보다 훨씬 높아지게 되고 추운 겨울에도 따뜻하게 되는 것이다. 이 원리를 '온실효과(Green House Effect)'라고 한다.

이렇듯 온실효과는 긍정적인 면도 있지만 심각하게 부정적인 면도 있다. 최근 대기 오염을 이야기할 때 '온실효과'를 거론하며 '지구 온난화 현상'이라는 단어를 자주 언급한다. 이는 쉽게 생각하면 지구에 비닐을 덮어씌우는 것이라고 할 수 있다. 마치 온실가스가 지구의 대기에서 비닐처럼 온실가스층으로 덮여 있다면 태양에서 방사된 고주파가 지구 표면에서 저주파로 바뀐 후 필요한 양 외에는 모두 다시 우주로 방사되어야 하는데, 온실가스층에 부딪혀 나가지 못하고 지구의 대기 중에 열로 남는 것이다. 이렇게 될 때 앞에서 언급한 온실효과로 말미암아 지구 전체가 더워지

가을이면 무르익은 경기도 고양시의 하천변 억새가 장관을 이루고 있다. 멀리 비닐하우스가 보이고 그 뒤로 아파트 단지가 펼쳐지는 모습이 대조적이다.

비닐하우스 내부에는 철을 가리지 않고 푸른 화초나 채소가 자라고 있다.

게 된다. 지구 온도가 높아지면 남극과 북극의 얼음이 급속히 녹는다. 그러면 그 물로 말미암아 바다 수위가 높아지며, 해안에 인접한 육지들이 물에 잠겨 상당한 피해를 보게 되는 것이다. 그뿐만이 아니다. 차가운 빙하가 녹아서 바다로 흘러들어 간다면 바다의 수온이 낮아져 지구 곳곳에서 기상이변이 생길 수도 있다. 그런 상황이 오면 끔찍한 결과가 예상된다. 몇 년 전 개봉되었던 영화 '투모로우(Tomorrow)'는 이를 잘 표현했다.

이미 지구의 대기 온도가 조금씩 높아지고 있으며 북극과 남극의 얼음이 녹기 시작했다. 녹은 물은 바다의 해수면을 높여서 섬이 가라앉거나, 심각한 온도변화로 생태계 불균형을 일으키고 있음을 우리는 매체를 통해 익히 알고 있다.

온실효과는 지역에 따라 홍수나 가뭄이 나타나는 등 '기상이변'의 원인이 되며, 수억 년 동안 이루어져 온 자연에 심각한 문제를 발생시킨다. 이는 자칫 지구에 대재앙을 몰고 올 수 있는 중대한 상황이므로 전 세계가 경각심을 가지고 움직이고 있다.

온실효과를 만드는 온실가스 상당 부분이 이산화탄소로 구성되어 있기 때문에 생활 주변에서 이산화탄소 발생을 억제하는 일은 대단히 중요하다. 산업이 발전해서 얻어지는 경제적·물질적 유익은 또 다른 부산물인 이산화탄소를 비롯한 아황산가스 등 온실가스를 만들어왔다. 이제는 인류가 함께 노력해서 지구를 보호하고 지켜야 할 때가 되었다. 이에 따라 친환경 생산설비는 물론이고 건축물까지도 친환경적으로 만들기 위해 노력해야 한다. 특히 설계에서부터 에너지 소비를 줄이기 위한 노력이 절실

양화대교에서 바라본 여의도 모습
스모그가 잔뜩 끼여 63빌딩은 전혀 보이지 않고 국회의사당도
당산철교 위로 희미하게 보일 뿐이다.

히 필요하다. 이를 위한 노력의 하나로 제로에너지 하우스, 패시브 하우스, 3리터 하우스 등 여러 가지 사례가 시도되고 있다.

이전 정부에서는 '저탄소 녹색성장(Low Carbon Green Growth)'이라는 캐치프레이즈로 미래산업을 지향했는데, 여기서 저탄소란 저이산화탄소라는 뜻이다. 산업은 물론 생활 주변에서도 온실가스의 주원인인 이산화탄소 발생을 억제하고, 고갈되어가는 석유에너지 소비를 줄이며 동시에 환경까지 보전하여 지구를 보호하고 지켜나가자는 데 큰 뜻이 있다. 지구는 현시대를 살아가는 우리가 후손에게 잠시 빌려 쓰다 돌려주어야 하는 유산임을 인식하게 하려는 의미도 숨어 있다. 생활 주변에서부터 종이컵 하나라도 절약하고 불필요한 전기사용을 억제하는 것도 지구 온난화를 예방하는 작은 실천이 될 수 있다. 우리 스스로 평소 대기오염에 경각심을 갖고 이산화탄소를 비롯한 온실가스를 줄이는데 힘을 써야 할 것이다.

강변북로에서 바라본 여의도 원효대교
건너편에서나 겨우 63빌딩을 볼 수 있을 정도로 도심의 스모그가 심각하다.

ⓒ 석정민

스케치하는 습관을 기르자
줄자를 가지고 다니자
이 공간의 규모는 어느 정도일까?
모형 만들기
계절에 따라 꽃과 나무를 살펴보자
연필심의 H와 B
방향 감각
여행을 떠나자
조 아저씨의 '건축창의체험'

CHAPTER 08
건축, 청소년의 꿈을 키우다

스케치하는 습관을 기르자

"재미없는 데생을 왜 계속해야 하나요?"
학창시절 필자가 미술 선생님께 물었다. 그때 선생님께서 대답하신 말이 지금도 또렷하게 기억난다. "정확히 보고 정확히 표현하기 위해서지." 컴퓨터 그래픽이 발전을 거듭하고 있는 오늘날, 실무에서도 컴퓨터를 다루는 솜씨가 매우 중요하게 여겨지고 있다. 하지만 의사소통을 하기 위해 항상 컴퓨터를 가지고 다닐 수는 없기에 표현능력을 계발하고 발전시킬 필요가 있음은 두말하면 잔소리다. 좋은 건축가가 되려면 타고난 소질도 필요하지만, 후천적인 노력이 더 중요하다. 그중 하나가 바로 자기 생각을 표현할 수 있는 '스케치 능력'이다. 스케치하는 방법 면에서는 미술가와 건축가가 차이를 보이지만, 소통하기 위해 표현한다는 면에서는 크게 다를 바가 없다. 연필로 표현하든 수채물감이나 유화로 표현하든 자기가 생각

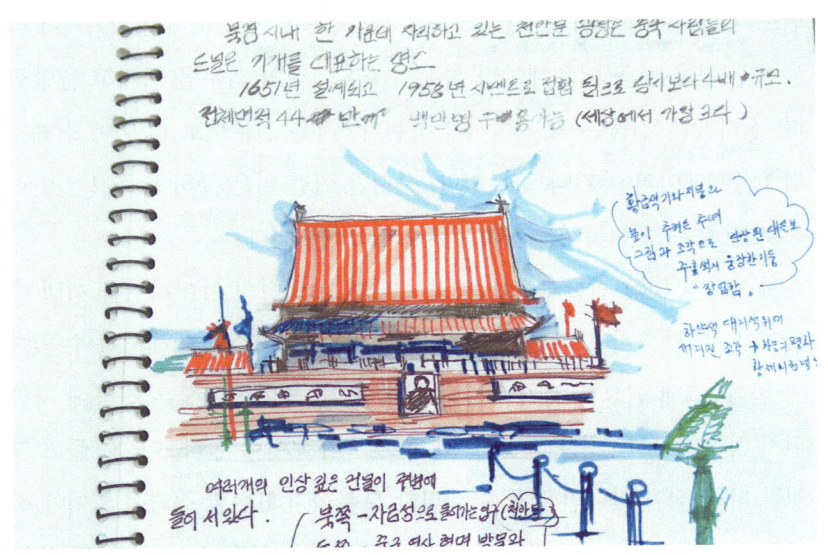

중국 베이징에서 자금성과 천안문광장을 그린 건축가의 스케치
간단한 그림과 기록이 미술가의 것과는 차이가 있다. 자료제공: 강석후

하는 바를 남에게 잘 전달할 수 있으면 된다.

건축가의 스케치는 미술가의 그것과는 다르게 표현되기도 한다. 미술에는 '추상화'가 있어서 보는 이로 하여금 각자가 해석하게 하지만 건축에서는 '추상 건축'이라는 말 자체가 없다. 왜일까? 건축은 사람의 삶을 담는 실질적 공간이기 때문이다. 그래서 일정한 형식을 갖추고 그 형식은 형태로 보이게 된다. 다만, 최근의 건축 사조 중 하나로 '해체주의'라는 것이 있는데, 말 그대로 깨부순다는 의미가 있다. 이것은 건물을 부순다는 의미가 아니라 우리의 의식을 부순다는 의미가 강하다. 그래서 '벽과 기둥은 반드시 수직이어야 하는가?', '건물은 사각형으로 반듯하게만 지어져야 하는가?, '건물은 꼭 이용해야만 하는가?'라는 식의 의문을 가지고 출발한다. 심하게는 '건물은 꼭 지어져야 하는가?'라는 질문으로, 종이에 스케치만 하는 '페이퍼 아키텍트'도 있다. 하지만 이런 일은 극히 드물고 일반적으로 건축은 보통 목적을 가지고 지어지기 마련이다.

자신만의 멋진 건물을 설계하고 싶다면 머릿속의 아이디어를 꺼낼 수 있어야 한다. 그리고 다른 사람들에게도 이를 보여주고 이해시킬 수 있어야 한다. 그때 필요한 것이 스케치 능력이다. 스케치 대상은 건물에 국한되지 않는다. 모든 것을 그릴 수 있고 또 그려 보아야 한다. 미술가들의 그것과 다른 점이 있다면 건물은 세밀한 부분까지 표현할 능력이 있어야 하므로 평상시 세심한 관찰이 필요하고 또 그것을 직접 스케치로 표현해보는 것이 중요하다. 그래서 항상 뭔가 그릴 수 있는 도구를 가지고 다닐 필요가 있다. 크고 거추장스러운 스케치북보다는 작고 소지하기 편한 크기의 수첩이 좋다. 무엇이든 보이는 부분을 있는 그대로 그려보라. 큰 것을 다 그릴 필요는 없고, 원하는 부분만 그릴 수 있으면 된다. 연필도 좋고 볼펜도 좋다. 각자 의도를 표현하는 데 적합하면 어떤 도구라도 상관없다. 어떤 유명한 건축가는 동양화처럼 먹과 붓으로 스케치를 하기도 한다.

"그림도 못 그리는 내가 어떻게 스케치를 하겠어."라고 말하는 독자도 있을지 모르겠다. 건축 스케치는 잘 그려서 남에게 '자랑하기 위한' 것이 아니라 자신이 의도하는 바를 다른 사람에게 '쉽게 전달 또는 설명하기 위한' 것이다. 미술가처럼 예쁘게 잘 그리기보다는 자기 생각을 잘 전달할 수 있는 언어로써의 스케치 능력이 중요하다. 평소 조금씩 연습해보자. 그러

파리의 개선문을 스케치하고 있는 여행객 ⓒ석정민

베네치아 여행 중 기록을 하고 있는 여행객

면 나중에는 자신이 맘속에 그려온 자신만의 건물을 정말 멋지게 표현할 수 있을 뿐 아니라 다른 사람의 의도를 잘 이해해 이를 대신 표현해주는 능력까지 갖출 수 있다.

하루에 하나씩 스케치를 해보자. 지금은 재미가 없어도 날마다 실력이 조금씩 느는 것을 확인하게 될 것이다. 살고 있는 집이나 좋아하는 건물을 스케치해보는 것은 어떨까? 여기에 간단한 메모를 덧붙인다면 애착과 관심이 더욱 생길 것이다. 컴퓨터 본체나 모니터를 그려도 좋다. 책상이나 의자도 좋은 대상이다. 방 안 가득 펼쳐진 가구와 책꽂이 풍경도 좋고, 돌이나 나무의 껍질도 스케치 대상으로 훌륭하다. 중요한 것은 자기 생각을 스스로 만족하면서 동시에 다른 사람이 알아볼 수 있도록 표현하는 것이다.

줄자를
가지고
다니자

"이 책상 높이가 얼마야? 좀 낮은 것 같은데……."
"이 의자는?"
"어? 화장실 천정이 복도 천정보다 낮네. 얼마나 낮은 거지?"

음악가에게 음감이 중요하듯 건축가에게는 공간감과 더불어 크기와 치수에 대한 감각이 필요하다. 흔히 '스케일 감'이라고 하는데, 이는 하루아침에 생기는 것이 아니라 많은 연습과 훈련을 거쳐야만 갖출 수 있다. 천부적으로 타고난 감각이 있다면 어느 분야에서든 두각을 나타내기 마련이지만, 타고난 재능이 부족하더라도 연습과 훈련으로 능력이 생겨날 수 있다. 반대로 타고난 재능이 있다 할지라도 노력해서 가꾸지 않는다면 그 재능은 위력을 발휘할 수 없다.

건축은 우리 생활과 아주 밀접하다. 아니 생활 그 자체일 수도 있다. 따라서 건축에서 사용하는 치수는 생활에서 쉽게 찾을 수 있다. 사람의 키와 가구에 따라 문 크기가 결정된다든지 다리와 무릎의 길이를 고려해 의자 높이를 정한다든지 하는 것이다. 매일 사용하는 책상이나 의자 높이가 얼마인지 아는 사람은 그리 많지 않을 것이다. 또 주부들이 주로 사용하는 싱크대 높이를 정확히 아는 사람도 드물 것이다.

"건축가가 그런 것까지 알아야 하는가?" 하고 의문을 갖는 사람도 있겠지만, 건축가가 하는 일은 '건축물'을 설계하고 만드는 것에 그치지 않는다. 우리가 생활하는 '공간'을 설계하고 그에 따른 '삶'을 디자인하는 것도 건축가의 일이다. 키가 큰 어른과 키가 작은 어린이가 사용하는 가구 크기가 같을 수 없다. 신발 크기가 다르듯 사용자의 신체 치수에 따라 건축물의 각 부분을 세밀하게 고려해야 한다.

예컨대 문을 생각해보자. 몸집이 큰 사람이라 할지라도 키가 2m를 넘거나 체중이 200kg을 훌쩍 뛰어넘는 사람은 거의 없다. 그런데 왜 문 크기는 사람보다 훨씬 클까? 그것은 바로 가구 때문이다. 문이 작으면 가구를 이동하는 데 어려움이 생긴다. 장롱이나 침대 등의 크기를 문보다 작게 바꿀 수는 없기 때문이다. 옛날 한옥을 보면 문 크기가 오늘날 주택의 문보다 훨씬 작은데, 당시 가구가 요즘 가구보다 훨씬 작았기 때문이다. 문 크기에 따른 심리적인 문제가 생기기도 한다. 너무 작거나 크면 사용하는 사람의 심리 상태가 편안하지 않을 수도 있다. 적절한 크기에 대한 고찰이 필요하다. 그렇다면 우리는 어떻게 치수에 대해 연습할 수 있을까?

그것은 바로 '줄자'를 가지고 다니며 생활 주변의 '모든 것'을 재보는 것이다. 이를 경험해본 이는 그것이 얼마나 재미있고 즐거운 일인지 안다. 건축에서 단위는 밀리미터(mm)고 보통 밀리미터(mm)라는 단위는 생략해서 말한다. 센티미터(cm)가 아닌 밀리미터(mm)를 단위로 삼는 이유는 무엇일까? 사람이 사용하는 건축공간을 섬세하고 신중하게 다루라는 의미가 숨어 있다. 예를 들어 문 크기는 문틀을 포함해서 높이가 2,100이다. 문의 폭은 문틀을 포함해서 900 정도 된다. 물론 이보다 작거나 큰 문은 얼마든지 있다. 공장에서 대량 생산되어 보편적으로 사용하는 제품이 일반적 기준이 되므로 이것을 아는 것은 필요하고도 중요하다. 절대적이고 완전한 치수는 아니니 세세하게 외울 필요는 없지만, 대략은 기억하는 것이 좋다.

사실 요즘은 단독주택보다 아파트 같은 공동주택이나 다세대주택이 많다 보니 가족의 특별한 상황을 고려해서 맞춤 설계된 집이 아니라 대부분 기성품 주택에서 생활한다. 단독주택이라 할지라도 천편일률적으로 공급된 주택들 역시 기성품 주택의 한계를 벗어나지 못한다. 그래서 주택의 부분적 치수는 대개 비슷하다.

건축물은 사람의 생활과 밀접한 관계가 있으므로 우선 사람을 알아야 한다. 먼저 자기 신체를 기준으로 살펴보자. 키와 몸무게, 앉은키, 팔 길이, 무릎높이, 눈높이 등을 가족이나 친구의 도움을 받아서 줄자로 재보자. 그것이 가장 기본 치수다. 그러면 내게 가장 잘 맞는 가구의 높이와 크기를 스스로 디자인할 수 있다. 의자에 앉아서 다리가 바닥에 닿지 않아 불편했다든지 책상과 의자 사이에 다리가 끼어서 힘들었던 이유를 알아낸다면 불편을 해결하는 길도 열린 셈이다.

　줄자를 가지고 다니면 언제 어디서나 사물의 치수를 재볼 수 있다. 그 연습이 몸에 밴다면 장래에 좋은 건축가가 될 훈련을 잘하고 있다고 생각해도 좋다. 우선 무엇이든 좋으니 치수를 재보자. 교과서나 가방의 크기도 좋다. 책꽂이 높이가 책 크기에 따라 정해지는 것을 확인해보는 것도 좋은 학습이 된다. 이와 더불어 메모지와 필기구를 함께 가지고 다닌다면 금상첨화다. 잰 것을 기록하고 또 다른 것을 재보고 기록하기를 반복하다 보면 치수에 대한 감각이 자연스레 몸에 밴다. 줄자를 가지고 다니는 것과 같이 사소해 보이는 작은 습관이 모여 관심거리가 되고, 관심은 흥미를 일으켜 오랜 시간 연습과 노력으로 자라난다. 그러다 보면 낙숫물이 바위를 뚫듯이 사람들의 기억에서 사라지지 않는 훌륭한 건축가로 우뚝 서게 되는 날이 올 것이다.

줄자에도 여러 종류가 있지만, 비닐 재질로 된 것이 휴대하거나 사용하기에 안전하다.

줄자로 물건의 크기를 재고 있다. 이렇게 잰 대로 종이에 그려보는 것은 매우 중요한 훈련이 된다.

이 공간의
규모는
어느 정도일까?

"이 방은 몇 평인가요?"

"글쎄요. 한 열 평 되려나……."

불과 몇 년 전만 해도 우리는 면적을 얘기할 때 '평'이라는 단위를 흔히 사용했다. 그러나 요즘은 면적 단위로 미터법의 기준인 '㎡'(제곱미터)를 사용한다. 수 년이 흘렀어도 아직 충분히 적응이 안 된 탓에 기존의 방법인 '평' 또는 33㎡를 표시해 함께 사용하기도 한다. 법으로 '평'이나 '근'을 사용하지 못하게 하고 이를 위반하면 처벌한다고 하는데, 일종의 관습처럼 사용하던 것을 무 자르듯 하루 아침에 바꾸기는 힘들다. 오히려 물 흐르듯 자연스러운 변화가 필요하다고 생각한다.

평소에 주로 생활하는 곳이 어디인가? 사람에 따라 다르지만 대개 집,

학교, 사무실일 것이다. 그리고 살아가는 이 공간의 규모를 생각해본 적도 있을 것이다. 생활하면서 느껴온 공간 감각이 있기 때문에 대략의 면적을 예상은 하지만 '자'가 없으면 그저 감각에 의지하여 예측할 수 있을 뿐이다. 하지만 좀 더 합리적인 방법으로 면적을 알 수는 없을까? 어떤 공간의 면적을 알려면 먼저 가로와 세로의 길이를 알아야 한다. 이 둘의 길이를 곱하면 면적이 나온다. 줄자를 가지고 있으면 잴 수 있지만 그렇지 않으면 길이를 알 수 없다. 설령 줄자가 있더라도 짧으면 전체 길이를 다 잴 수 없어서 여러 번 반복해 측정하기도 한다.

이럴 때 알고 있으면 좋은 방법이 있다. 바닥에 깔린 재료의 단위 길이를 알거나 재면 된다. 천정도 마찬가지인데, 이는 가정집보다는 학교나 사무실일 때 더 쉽다. 보통 바닥에는 300×300(30cm×30cm) 크기의 바닥용 마감 타일이 붙어 있다. 그리고 천정에는 대개 600×300(60cm×30cm) 크기의 단열 및 흡음용 건축자재가 설치된다. 이것의 개수만 셀 수 있으면

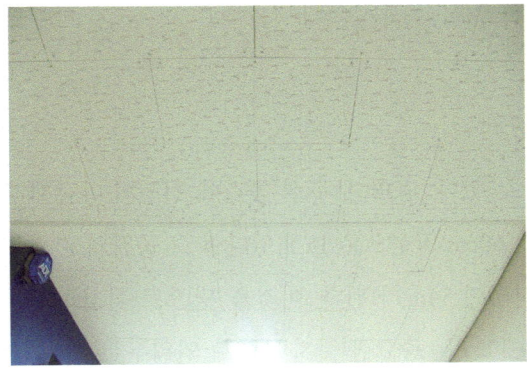

흡음 및 단열을 위한 천정 마감재
개별 단위의 크기가 600×300이므로 각각의 방향으로 개수를 세면 공간의 면적을 알 수 있다.

바닥에 패턴이 있는 경우 패턴 하나의 단위면적을 알아낸 후 그 수를 세면 개략적인 면적을 알 수 있다. ⓒ석정민

전체 길이를 간단하게 알 수 있다. 만약 사무실 공간에 천정의 마감재가 30cm 방향으로 20개 있고, 60cm 방향으로 15개 있다면 그 공간의 면적은 (0.3×20)×(0.6×15)이며 계산하면 54㎡가 된다. 이것을 '평'으로 환산하려면 '0.3025'를 곱하면 된다. '0.3025'는 중요한 숫자이므로 외워두는 것이 좋

다. 대략 0.3을 곱하면 평이 된다는 것으로 알고 있으면 크게 틀리지 않는다. 반대로 평을 ㎡로 환산할 때는 0.3025로 나누거나 3.3058을 곱해주면 된다. 둘 중 한 가지만 알면 되며 위의 54㎡는 평으로 환산하면 16.335평이니 약 16.3평이 된다. 벽지나 장판지의 경우 무늬의 단위 길이를 잰 다음 계산할 수도 있다. 하지만 단위 길이를 몰라도 자신의 손 뼘이나 보폭 등을 이용해 개략적인 면적을 파악할 수 있으므로 평소 자기 손이나 신발의 크기 등을 알면 도움이 된다.

'규모'라는 말에는 높이가 포함되어 있는데, 천정의 높이는 문의 높이를 기준으로 쉽게 예측할 수 있다. 일반적으로 기성품인 문은 문틀까지의 높이가 2,100이고 그 윗부분의 남는 높이가 얼마 정도 되는지 짐작하면 전체 천정 높이가 나온다. 보통 문틀 위로 300 내지 600 정도 높으므로 전체 천정고는 2,400에서 2,700이 될 것이다. 공간의 규모를 직접 체험하면서 면적을 생각하게 된다면 나중에 자기 집을 설계할 때 2차원의 도면에 그리면서도 3차원의 공간 규모를 짐작할 수 있다. 지금 여러분이 있는 곳의 면적이 얼마인지 파악해보라. 사소한 관찰과 실천이 건축의 문화적 욕구와 수준을 높이는 길임을 명심하자.

모형
만들기

"맥가이버, 도와줘요!"

한때 재미있게 보았던 유명한 외국 드라마에서 나오는 대사다. 건축 관련학과 학생들 가운데는 손재주가 뛰어나 '맥가이버'라 불리는 친구들이 많았다. 그들은 자기 성을 붙여서 '조가이버, 심가이버, 이가이버' 등으로 불리기도 한다. 뛰어난 손재주는 공간지각력과 더불어 건축을 하는 데 참 필요한 재능 중 하나다.

건축물은 3차원 공간에 지어지므로 2차원의 설계도면을 그리면서 지어지게 될 건물을 머릿속으로 상상하며 작업하게 된다. 그런 후 나중에 실제로 지어진 건물을 보았을 때 자신이 생각했던 것과 똑같이 지어졌다면 그는 훌륭한 공간지각력을 지닌 것이다. 하지만 대다수 사람의 공간 감각은 그리 뛰어나지 않다. 심지어 타고난 공간지각력을 갖추지 못한 건축가도 많다. 단지 여러 차례 연습해서 보완하는 훈련으로 얻어지는 경우가 다반사다. 그렇다면 어떻게 해야 공간지각력을 연습할 수 있을까? 가장 좋은 방법은 모형을 만들어보는 것이다.

건축설계는 2차원의 종이에 그리는 것이고 건물은 3차원 공간에 실제로 짓는 것이다. 그런데 어느 누가 처음부터 완벽한 모습을 머릿속에 그릴 수 있겠는가? 아무리 유능하고 숙련된 건축가라도 처음부터 머릿속으로 완벽하게 그릴 수는 없다. 그래서 모형을 만드는 것이다. 모형에도 몇 가지 유형이 있는데, 형태나 디자인이 정해지지 않은 상태에서는 '스터디 모델'을 만들어가며 디자인을 정리하기 때문에 처음부터 잘 만들어야 한다는 부담을 가질 필요가 전혀 없다. 여러 차례 디자인을 수정해가며 최종적으로 예쁜 모형을 만들게 되기 때문이다. 처음 모형은 단지 형태를 보는 아주 거친 상태이므로 창이나 문이 표현될 필요도 없는 덩어리만으로도 의미가 있다. 그러한 모형을 세밀하게 관찰하면서 조금씩, 조금씩 디자인을 연구하고 변화시킨다. 이때 재료로는 두꺼운 종이나 칼포 스티로폼 등을 사용한다.

모형을 만들면 '공간감'이 좋아진다. 종이로 만드는 모형은 네 면과 지붕까지 만들어야 하니 당연히 전개도가 필요하다. 이 전개도를 오려서 붙이면 3차원의 모형이 된다. 이렇듯 전개도를 만드는 것은 좋은 건축가가 되기 위한 아주 중요한 연습 과정이다. 2차원의 종이를 접거나 붙여서 3차원의 공간감이 있는 모형을 만들다 보면 나중에는 설계 도면만으로 실제 건

종이와 나무젓가락으로 만든 한옥 모형. 문과 창은 사진을 출력해서 오려 붙였다.

물을 머릿속으로 그릴 수 있다. 조금 더 사실적이고 구체적인 모형을 만들고 싶다면 스케일 자를 사용하는 것이 좋다. 100분의 1, 200분의 1 등 축소 모형의 기준으로 만드는 것이 공간감을 훈련하는 데는 효과적이기 때문이다. 참고로, 100분의 1이라는 것은 모형과 실제 건물의 크기가 100배 차이 난다는 말이다. 그래서 실제로 1m 길이는 모형에서 1cm로 만들면 되기 때문에 100분의 1이 편한 축척이 된다. 200분의 1에서는 모형과 실제 건물이 200배 차이 나는 것이므로 실제 1m가 모형에서는 0.5cm, 즉 5mm가 된다. 이때 공간 대비 실제 사람의 크기를 짐작할 수 있는 인체모형을 놓아두면 더 좋다. 인체모형이 없다면 종이에 그려서 대략 잘라 붙여도 무방하다. 그렇게 만들어놓은 모형에 몰입하다 보면 공간감을 체험하는 데 도움이 많이 된다. 작은 모형을 만들다 보면 언젠가는 큰 모형도 만들 수 있겠구나 하는 생각이 들게 된다. 결국 실제 건축은 1:1 모형으로 볼 수 있기 때문이다.

모형을 만들 재료로는 종이나 스티로폼 또는 얇은 나무판이나 플라스틱, 나무젓가락 등 무엇이든 좋다. 사과를 담았던 골판지 상자도 아주 훌륭한 재료다. 때로는 신문지를 말아서 사용할 수도 있다. 생활 주변의 폐품을 활용한다면 더욱 재미있는 경험을 할 수 있다. 오늘 바로 조그만 모형 집을 만들어보자. 먼저 설계에 해당하는 멋진 그림을 그려보고 디자인도 해보자. 전개도를 그리고 조각을 하나하나 붙여가며 조금씩 완성되는 모형을 보면 큰 기쁨을 느낄 수 있을 것이다. 집 주변에 나무도 심고 자동차도 깎아서 만들면서 나중에 실제로 지을 집을 상상해본다면 인생에서 멋진 집을 두 번 갖는 셈이 된다.

폼보드로 만든 주택 모형
설계 과정에서 3차원의 모형을 만드는 것은 건축가에게도 공간감을 가지고 디자인하는 데 상당히 중요한 의미가 있다. 자료제공: 가와 건축

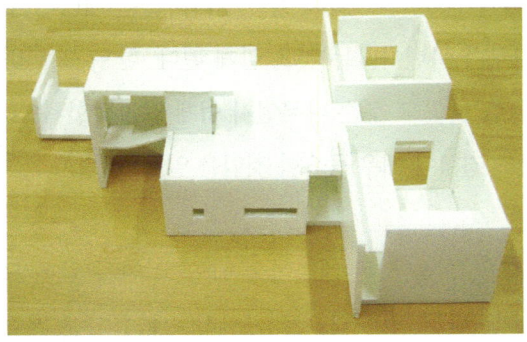

모형 만들기를 통해 디자인은 물론이고 축척과 공간감을 익힐 수 있다. 자료제공: 가와 건축

계절에 따라
꽃과 나무를
살펴보자

겨울에는 나뭇잎이 떨어지고 나무줄기만이 남아 산과 들을 지킨다. 이럴 때는 평소에 나무에 관심이 있는 사람들이야 참나무인지 오동나무인지 줄기만 보고도 알 수 있지만, 대부분은 무슨 나무인지 파악하기가 쉽지 않다. 그러다가 봄이 되면서 잎사귀가 나오고 꽃이 피기 시작하면 겨우내 울타리 주변에 축축 처져 있던 잔가지들이 개나리며, 늠름하게 서 있던 키 큰 나무가 목련이라는 것을 알게 된다. 한두 해 이런 경험을 하고 나면 겨울나무를 보고도 무슨 나무인지 쉽게 알아맞힐 수 있다. 이를 통해 작은 것이라도 경험이 매우 중요한 것임을 알 수 있다.

우리나라는 봄, 여름, 가을, 겨울 모든 계절이 특색 있고 아름답다. 그 중 추위가 물러가고 꽃이 피어나는 봄은 참으로 근사하고 아름다운 계절

5월 담장에 흐드러지게 핀 넝쿨 장미가 생명의 아름다움을 경쟁하듯 자랑하고 있다.

이며, 이때 피어나는 꽃을 살펴보는 것은 큰 즐거움이다. 한편, 봄과 여름에 피는 꽃, 가을에 볼 수 있는 꽃과 열매, 겨울에 두드러지게 느낄 수 있는 상록수의 푸른 모습 등 자신이 좋아하는 취향에 미리 조금씩 관심을 기울여보자. 건축가는 단지 건물설계만 하는 것이 아니라 그 건축물에서 생활할 사람들의 정서와 취향까지 고려해 작업해야 한다. 책으로 공부한 지식이 아니라 어려서부터 보고 느낀 진실한 정서로 사람에게 기쁨을 줄 수 있어야 한다. 사람마다 취향이 다르고 개성이 있기 때문에 좋아하는 꽃과 나무도 각각 다르다. 그래서 다양한 식물에 관해 알아두면 도움이 된다. 해가 잘 드는 양지를 좋아하는 식물이 있고, 음지를 좋아하는 식물도 있다. 키가 큰 나무가 있는가 하면 키가 작은 나무가 있으며, 겨울에 잎이 떨어지는 낙엽수가 있고 추위를 아주 잘 견디는 상록수도 있다. 대개 날씨가 따뜻해야 꽃이 피지만 매화처럼 눈 속에서도 잘 견디는 꽃도 존재한다. 향기가 진한 꽃이 있는가 하면 향기는 없지만 아주 화려하고 예쁜 꽃도 있다.

이렇듯 우리 주변에 있는 많은 식물 중 몇 종류를 선택해 정원 꾸미기를 구상하는 것은 매우 즐거운 과정이다. 평소 작은 관심을 기울이다 보면 각자 좋아하는 식물로 정원을 아주 아름답게 꾸밀 수 있다. 조경이 사람의 삶에서 없어서는 안 될 중요한 요소이기에 건축법에서도 건축물의 규모에 따라 조경면적을 의무화하고 있다. 어떤 이들은 그저 형식적으로 조경면적을 맞추기에 급급하지만, 그 의미를 살펴보면 결코 소홀히 할 수 없는 부분이다.

자연이 우리 정서에 미치는 영향력은 참으로 크다. 아름다운 식물들 역시 자연의 소중한 일부다 보니 시각적·정서적 만족을 주기에 부족하지 않다. 좋은 건축가는 하루아침에 하늘에서 뚝 떨어지는 것이 아니다. 평소에 관심을 갖고 주변의 꽃과 나무를 관찰하는 것도 훌륭한 미래를 창조하는 건축가의 길로 한 걸음 더 나아가는 것이다.

소박하게 피어 계절을 노래하는 야생화의 정겨움에 귀 기울여본다

연필심의
H와 B

초등학교를 졸업하면서 연필과 멀어졌던 필자는 대학에 들어가자 다시 연필을 사용하게 되었다. 건축학과에서는 설계시간에 제도할 때면 꼭 연필로 도면을 그리기 때문에 여러 종류의 연필을 사용했다. 그때 쉽게 볼 수 있는 기호가 HB, H, B, 2B 등이었으며 가장 자주 쓰는 연필에는 HB라고 표시되어 있었다. 하지만 이런 기호를 자주 보고 사용했음에도 이것의 정확한 뜻을 알게 된 것은 얼마 되지 않았다. 아무도 가르쳐주지 않았기 때문이다. 여러분 가운데도 잘 모르는 분이 많으리라 생각한다. 좋은 건축가가 되려면 '기본'에 충실해야 한다. 그중 한 가지가 바로 연필을 제대로 아는 것이다.

연필심은 지하광물인 '흑연'에서 추출한다. 흑연과 점토의 배합에 따라서 연필의 특징이 결정되는데, 흑연이 많을수록 연필심이 단단해지고 색이 연해진다. 반면 점토가 많을수록 연필심은 무르고 진해진다. H는 Hard, B는 Black의 약자다. 다시 말해 H는 '단단함'을 의미하고, B는 '진하기'를 의미한다. H와 B 사이에 F도 있다. F는 Firm의 약자로 '견고함' 정도로 이해할 수 있는데, H보다는 덜 단단하고 HB보다는 더 단단함을 나타낸다.

초등학교, 중학교 미술 시간에 꼭 지참해야 하는 도구 중에는 4B연필이 있었다. 그때는 4B가 무슨 의미인지도 모르면서 그냥 '미술 연필'이라고 했는데, 표면이 약간 거칠면서도 부드러운 도화지에 HB연필보다 더 쉽고 빠르게 그릴 수 있었다. 빠른 속도로 스케치하더라도 종이에 잘 그려질 정도로 심이 물렀다. 또 평소에 필기용으로 많이 사용하는 연필은 HB연필이었다. 어쩌다 드물게 H연필을 가지고 다니는 친구들도 있었다. 지금도 그런 장난을 하는지 모르겠지만, 필자가 어렸을 때는 '연필 싸움'이라는 것이 있었다. 서로 연필을 쥐고 심을 맞대어 힘을 주어 상대편의 심을 부러뜨리는 게임이었다. 보통 HB를 가지고 있어서 서로 엇비슷했는데 어쩌다 H 또는 2H를 가진 친구들 앞에서는 꼼짝도 못하고 말았다.

보기에는 엄청나게 두꺼운 4B 연필은 오히려 제대로 힘 한번 못 쓰고 부러져 나가기 일쑤였다. 그런 점에서 H나 2H를 가지고 있던 친구들은 늘 의기양양했다. 그러면 연필의 H나 B는 어떤 용도로 사용할까? 일반적으로 8B, 7B, 6B, 5B, 4B, 3B, 2B, B, HB, F, H, 2H, 3H, 4H 정도를 사용하는데, H가 많을수록 표면이 단단한 재료에 사용한다. 즉 돌이나 금속

같은 단단한 표면에 기록할 때 사용한다.

　반대로 B가 많으면 표면이 부드러운 재료에 사용하면 된다. 앞서 얘기했던 4B는 스케치용으로 부드러운 재료인 도화지에 빠르게 그려나가도 필요한 선을 모두 표현할 수 있다. 이보다 더 높은 8B는 가장 부드러운 종이인 화장지에 스케치해도 될 정도로 무르고 연하다. B가 높아질수록 심이 물러서 잘 부러지므로 그것을 방지하기 위해 연필심도 굵어지는 것이다. 그래서 미술 연필이라고 하는 4B연필은 조금만 힘을 주면 잘 부러지고, 지우개로 지울 때도 깨끗하게 지우기가 어렵다. 연필심이 너무 무르고 진해서 부드러운 종이에 깊숙이 묻어 들어가기 때문이다.

굵기가 다양한 연필심
B가 높아질수록 부드러워지므로 사용하기 좋은 정도의 강도에 맞게 연필심을 선택하면 된다.

연필심은 흑연과 점토를 배합해 만드는데 그 비율에 따라 보통 2H~8B 또는 그 이상까지도 만든다.

평상시에 가장 많이 사용하는 HB는 두 가지 성질을 적절하게 혼합한 연필이다. 적당히 단단하고 적당히 진해서 일반 필기용으로 가장 많이 사용한다. 용도에 따라서 적절한 도구를 사용한다면 더 효과적으로 표현할 수 있다. 이러한 내용을 알지 못한다면 아무리 좋은 도구를 쥐여 줘도 무용지물이다. 지금 가지고 있는 연필이 어떤 종류인가? 하나하나 살펴보며 표면의 성질이 다른 종이에 각각 사용해보면 아는 것의 재미를 느끼게 될 것이다.

방향
감각

훌륭한 건축가에게 필요한 재능이 여러 가지 있는데 '방향감각'도 그중 하나일 듯하다. 다른 재능에 비해 상대적으로 사용 빈도가 낮지만 남쪽과 북쪽을 구별할 수 있는 방향감각은 상당히 중요하다. 건축물을 세우는 목적은 사람이 거주하기 위함인데, 특히 '주택'은 사람이 생활하는 중요한 건축물이다. 주택에서 중요한 기능 중 하나는 바로 '거주성'이다. 이 말은 좀 더 쉽게 표현하면 사람이 살기 좋아야 한다는 것이다.

같은 비용으로 고를 수 있는 방 두 곳이 있다고 하자. 지하 방과 지상 2층 방이 있다면 어디를 택할까? 대다수가 지하보다 2층을 택한다. 그 이유가 바로 '거주성'이 좋기 때문이다. 햇빛이 잘 들고 바람이 잘 통하며 전망

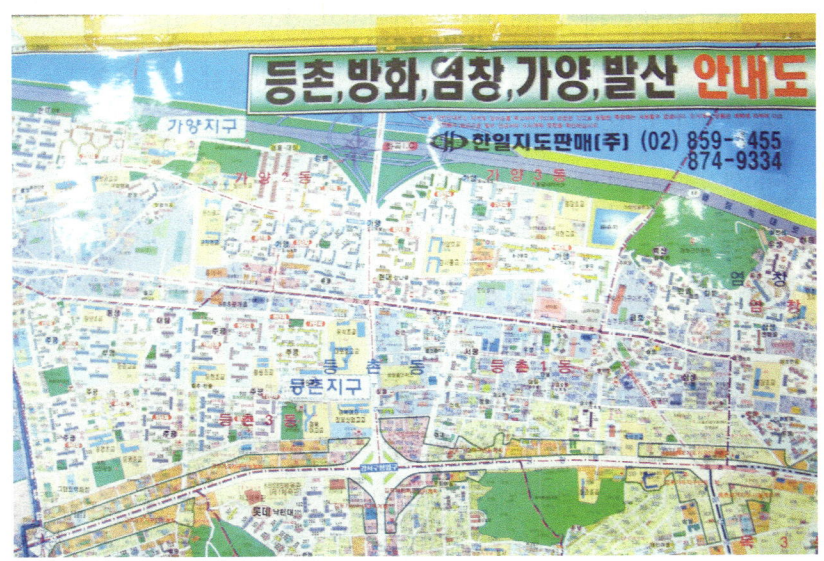

지도에서는 대개 위쪽이 북쪽이지만 특별한 경우 북쪽 방위표를 따로 표시해놓기도 한다.

이 좋은 것은 거주성을 좋게 하는 중요한 요소들이다. 그중에서도 햇빛에 관한 것은 아주 중요한 문제다. 많은 사람이 건축 때문에 분쟁을 하는데 그중 상당한 부분이 바로 햇빛에 관한 권리를 주장하는 내용이다. 햇빛에 관한 권리는 법률 용어로 '일조권'이라고 한다.

일조권 문제를 해결할 때 중요한 것은 남쪽과 북쪽이 어느 쪽인지 확인하는 것이다. 물론 이것은 지도로 정확하게 표현된 것을 가지고 확인해야 하지만, 지도가 없는 현장에서도 개략적인 방향을 감각으로 알면 도움이 된다. 태양의 현재 위치와 그림자 그리고 시간이 힌트가 된다. 밤에 북극성을 찾는 방법도 있으나 도시의 밤하늘에서는 별을 보기가 매우 어렵다.

그래서 별을 보는 대신 일반적으로 나침반을 사용한다. 지구에서 발생하는 자기장을 이용해 북쪽을 찾아내는 나침반은 방향감각을 연습하는 데 필수 도구다. 나침반은 부피가 작아 휴대하기 좋다. 옮겨 다닐 때마다 방향을 생각해보고 나침반을 확인하는 것은 훌륭한 연습 방법이다.

방향감각이 부족한 사람도 연습과 훈련을 꾸준히 하면 상당히 좋아질 수 있다. 지도 보는 연습을 병행하면 방향감각을 살리는 데 도움이 된다. 지도를 볼 때 제일 먼저 확인해야 할 것은 북쪽이 어느 방향으로 그려졌는가 하는 것이다. 특별한 경우를 제외한다면 지도에서 북쪽은 위쪽이다. 그렇지 않다면 북쪽이 표시된 방위기호를 따로 제시하는 경우도 있다. 지도에서 북쪽을 확인했다면 그다음에는 지도의 북쪽과 나침반의 북쪽이 같은 방향이 되도록 지도를 돌려가며 북쪽을 일치시켜야 한다. 이렇게 하면 세계 어느 곳에서라도 지도를 보면서 길을 찾는 데 문제가 없을 것이다.

필자도 여행할 때 지도와 나침반의 도움을 많이 받았다. 생전 처음 발을 디디는 곳에서 가고 싶은 곳을 오로지 지도와 나침반을 들고 혼자 찾아다니는 기쁨은 이루 말할 수 없었다. 스페인의 어느 도시에서는 지도와 나침반으로 목적지를 찾아 나섰지만 뭔가 이상하고 길을 잘 찾지 못한 적이 있었다. 지도를 다시 살펴보니 지도의 위쪽이 북쪽이 아니라 북쪽이 따로 표시된 기호가 지도 구석에 그려져 있었다. 그래서 다시 방향을 수정해 목적지를 찾기도 했다.

왜 이 도시에서는 지도 위쪽이 북쪽이 아니었을까? 그 도시 형태에 따라 일반적인 종이의 가로 방향에 효율적으로 배치되도록 지도를 그리다

보니 북쪽이 위쪽이 아닌 경우가 생기는 것이다. 그럴 때는 북쪽이 표시된 방위기호를 반드시 지도 한 쪽에 그려 놓는다. 그렇다고 해서 지도 아래쪽이 북쪽이 되는 경우는 거의 없다. 이러한 점을 생각해서 지도와 나침반을 이용해 태양이 떠 있는 고도와 방위, 현재 시각 등을 종합적으로 고려한다면 어렵게 느껴지는 방향감각도 조금씩 좋아질 것이다. 자, 현재 내가 있는 곳에서 북쪽은 어느 쪽인지 생각해보자.

세계 어디를 가든지 지도와 나침반, 방향 감각만 있으면 가고 싶은 곳을 어렵지 않게 찾아갈 수 있다.

여행을
떠나자

"언제 또 다녀온 거야?"

여행사진을 보여줄 때면 으레 듣는 말이다. 필자는 1992년 여름, 만 25세 되던 해에 처음 유럽으로 배낭여행을 다녀왔다. 다니던 직장에 휴직계를 내고 훌쩍 떠난 58박 59일······. 짧다면 짧고 길다면 긴 여행이었다. 여행을 마친 후 만족과 기쁨을 크게 느꼈으며 이 경험을 통해 정신연령이 2년 이상 성장하고 여러 가지 깨달음을 얻었다고 생각했다. 하지만 시간이 흘러 다시 생각해보니 여행할 때 느꼈던 감동과 성취감은 결코 다른 방법으로는 얻을 수 없고, 오직 '여행'을 통해서만 얻을 수 있었음을 새삼 느꼈다.

'여행은 인생의 단면이다'라는 말이 있다. 건물의 외관만 보면 각 층에 무슨 시설이 있으며 건물 구조는 어떤지, 각 층의 높이는 얼마이고 설비는 어떻게 되어 있는지 알 수 없다. 하지만 건물을 세로로 잘라서 볼 수 있다면 그 속의 모든 것을 알 수 있다. 그것이 '단면'이다. 우리의 앞날이 어떻게 될지는 구체적으로 알 수 없다. 다만 선배나 부모님 또는 이미 세상을 떠난 많은 분의 일대기를 통해 대강이나마 미루어 짐작할 뿐이다. 태어나서 자라고, 배우자를 만나 결혼하고, 아이를 낳아 기르고, 일하다 늙고, 시간이 더 지나면 세상을 떠나는 것이 인생 아닌가? 우리 미래는 스스로 개척하는 것이기에 막연한 것이 사실이지만 '여행'을 통해 우리는 삶의 단면을 볼 수 있다. 이는 미래를 예측할 수 있는 지혜를 배운다는 말과 크게 다르지 않다. 여행은 모든 사람에게 필요하다. 나이가 많고 적음이 중요하지 않지만, 젊은이에게는 더욱 의미가 있다. 호연지기를 기를 수 있고 젊은 날 맘을 나눌 수 있는 좋은 친구들을 여행을 통해 만날 수도 있기 때문이다.

좋은 건축가가 되려면 '문화'를 이해할 수 있어야 한다. 문화를 책으로만 배운다면 제대로 된 문화를 알 수 없다. 그래서 반드시 '여행'이 필요하다.

멀리 고층빌딩 숲이 있고 그 앞에 있는 저층의 주거단지가 대조를 이루고 있다. 바다에 떠 있는 요트는 시드니의 정취를 느끼게 해준다.

네덜란드 암스테르담에 있는 공원. 고흐 박물관이 이곳에 있다.

오스트레일리아 시드니
공원에서 운동하는 시민들의 모습이 평화롭다. 멀리 오페라하우스와 하버브리지가 보인다.

직접 경험해야 하고 먹어봐야 한다. 먼 나라까지 가지 못하더라도 상관없다. 중요한 것은 여행하는 습관과 자세다. 버스를 타고 다른 동네를 찾아가는 것도 좋고, 자전거를 타고 시장을 가는 것도 훌륭하다. 그냥 사람들이 사는 모습을 구경하고 있는 그대로 받아들이는 것이다. 시간이 흘러 사람들의 삶에 동화될 수 있는 마음까지 갖추면 금상첨화다.

건축이란 '사람의 삶을 담는 그릇'이므로 건축가가 되려면 사람들의 삶에 관심을 기울여야 한다. 일반적으로 사람들은 여행할 때 경치가 뛰어난 곳으로 가고 싶어 하지만 건축가의 여행지는 사람들이 '모여 사는' 곳이다.

몽마르트에서 내려다본 파리의 모습
도시의 스카이라인이 비교적 단순하다.

그곳이 어디든 좋다. 우리나라의 한적한 시골이든 아니면 복잡한 도시든 상관없다. 단지 거기서 어떤 것이라도 생각하고 느낄 수 있는 '무엇'을 찾아야 한다. 그 중요한 '무엇'은 사람들의 '삶'이다. 여행하는 데 어려운 점은 함께 갈 사람을 찾기가 쉽지 않다는 것이다. 설령 함께 여행할 사람을 찾았다 하더라도 서로 여건을 충족시키기가 또한 쉽지 않다. 그렇다. 여행은 함께하는 것이 더 어렵다. 그것이 우리 인생과 닮은 점이다. 그래서 혼자 하는 여행이 더 즐겁고 자유롭게 느껴질 때가 종종 있다. 함께 갈 친구가 있다면 반가운 일이고, 혼자라도 즐거운 것이 바로 여행이다.

캄보디아 국경에서는 시장이 열린다.
먼저 가서 좋은 자리를 잡기 위해 부지런히 길을 재촉하고 있다.

혼자 떠나게 되면 여럿이 다닐 때보다 열린 마음으로 여행할 수 있다. 이는 경험을 통해 터득한 사실이다. 둘 이상이면 서로 조금이라도 의지하는 맘이 생겨 나그네로서 적극성이 떨어지지만, 혼자일 때는 그럴 수 없다. 스스로 이방인이고 약자라는 것을 인식하기 때문에 만나는 사람 누구에게라도 먼저 웃고 인사하며, 호의적이고 사교적인 마음을 갖게 된다. 어쩌면 그렇게 하는 것이 낯선 곳에서 만나는 사람들에게 경계심을 풀게 하는 자기방어의 다른 모습인지도 모른다. 그럴지라도 상관없다. 그래야 친구도 많이 사귈 수 있고 여행의 진짜 목적인 '그곳 사람들의 삶'에 다가갈 수 있다. '여행'은 멀리 있는 남의 이야기가 아니다. 지금 바로 가벼운 맘으로 어디로든 떠나는 것이 여행의 첫걸음이다. 이것이 또한 건축가로서 아주 중요한 기본 소양을 갖추는 길이다.

방콕 담는사두악 수상시장
지금은 관광지가 되었지만, 전통수상시장의 모습을 그대로 간직하고 있다.

조 아저씨의
'건축창의체험'

"꿈을 이루는 가장 좋은 방법은 자기가 하고 싶은 걸 하는 거야."

초등학교 2학년 때 담임선생님께서 장래 꿈을 적어보라고 하시며 들려준 말씀이다. 그때 필자는 매우 신중하게 생각한 뒤 '목수'라고 적었다. 뭔가 뚝딱거리며 만들기를 좋아했던 아이가 생각할 수 있는 최선의 답이었다. 나중에 그 얘기를 전해 들으신 아버지께서는 "우리 원용이가 '건축가'라는 단어를 몰라서 그랬겠지."라고 말씀하셨다. 그때 비록 어렸지만 '난 목수가 아니라 건축가가 되어야 하나 보다'라고 생각했다. 그리고 세월이 흐른 지금 필자는 꿈을 이뤄 건축가로 살아가고 있다.

생각이 자라기 시작하는 때에 장래 어떤 사람이 되어야 할지를 꿈꾸는 것은 참으로 중요하다. 필자가 어려서부터 건축에 꿈을 두고 그 목표를 향해 일편단심으로 달려온 것은 아니었다. 어찌하다 보니 감사하게도 건축학과에 진학하게 됐고 지금은 건축가가 되어 활동하고 있다. 그런데 이것이 마냥 운이 좋았기 때문이라고는 생각하지 않는다. 잠재된 의식 속에서 겉으로 나타나지는 않았지만 하고 싶었던 것에 대한 욕구가 있었을 것이고 인생의 목표의식이 분명해지는 어느 순간 형언할 수 없는 놀라운 확신으로 그 일에 집중하게 되었으며 결국 꿈을 이루게 된 것이다.

필자가 하는 일은 쉽게 말해 건축설계다. 건축디자인을 하고, 설계도를 그리고, 이것에 따라 건축이 시공되도록 돕는 일이다. 2차원과 3차원을 넘나드는 작업의 특성상 입체감각, 즉 공간지각력이 우수해야 함은 물론이고 섬세함과 꼼꼼함, 그리고 색채감각까지 요구되는 복합적인 작업이다. 10년 가까이 대학에서 '설계'와 '표현기법'을 가르치면서 대학생뿐만 아니라 어린이와 청소년에게 이런 것을 가르치면 얼마나 좋을까 생각했다. 공간을 처음부터 3차원으로 인식하며 놀이로써 경험한다면 공간지각력을 아주 쉽게 체득할 수 있다. 또 평면이 입체로 전환되고, 입체가 평면으로 전환되는 체험을 하면서 저절로 창의력이 계발된다. 게다가 함께 만드는 과정에서 협동심과 질서를 배우며 사회성도 향상될 수 있으니 얼마나 좋은가?

그런데 이런 건축을 통한 창의교육은 체계화되어 있지 않고 상설로 운영되는 곳도 없다. 1년에 한두 번씩 건축 관련 단체에서 비정규적으로 어린이 건축교실이 열릴 뿐이라 보편적 교육의 기회는 거의 없는 실정이다.

필자는 몇 년 전부터 해오던 생각을 드디어 2009년 말에 실천에 옮기려 했으나 당시 유행했던 '신종플루'로 많은 사람이 모일 수 없었다. 그래서 좀 더 기다렸다가 다음 해인 2010년 5월 8일 필자가 설계한 안산 상록어린이도서관에서 드디어 '조아저씨의 건축창의체험'이라는 창의교육을 시작했다. 건축가가 어린이에게 '멘토'로서 직접 조언해주는 것이 그들의 인생에 매우 중요한 계기가 될 수 있다고 생각하고 실행에 옮긴 것이다.

'조아저씨의 건축창의체험'은 참여한 어린이와 청소년은 물론이고 학부모님에게도 좋은 반응을 얻고 있다. 필자가 개발한 '꼬마건축사'라는 프로그램은 '국가인증 청소년수련활동'으로 지정되기도 했다. 도서관과 청소년 관련 단체의 많은 문의와 요청 그리고 어린이, 청소년의 진중하고도 희열에 찬 반응을 보니 그동안 창의교육에 관한 대중의 갈증이 얼마나 심했는지를 느낄 수 있었다. 회를 거듭할수록 필요성을 절감하게 되어 앞으로도

조 아저씨의 '건축창의체험'은 2010 대한민국 과학축전에 공모를 통해 초대받았다. 부스를 방문한 어린이들이 직접 만든 입체모형을 들고 즐거워하고 있다.

큰 공간을 만들 수 있는 원리인
아치 만들기 체험에 열중하고 있는 어린이들

온실가스 때문에 더워지는 지구를 보호하기 위한 친환경 건축교육이 끝난 뒤 어린이와 엄마들이 '온실효과'를 체험하고 있다.

더 많은 기관과 함께 협력하여 프로그램을 개발하고 보급할 계획이다.

  2012년에는 국가주도로 '한옥과 함께하는 건축창의체험'이 열렸다. 필자가 총괄 진행을 하며 성대하게 행사를 마치게 되었는데, 모든 어린이가 얼마나 적극적으로 참여했는지 1박 2일의 행사가 그렇게 짧게 느껴질 수가 없었다. 어른을 위한 행사는 개인에 따라 좋고 싫음이 나뉘지만, 어린이를 위한 행사에서 모든 어린이가 좋아하는데 싫어할 어른은 아무도 없었다. 행사를 추최했던 국가건축정책위원회, 국토해양부, 대한건축사협회의 모든 관계자들께도 이 지면을 빌어 감사의 말씀을 드린다.

  그후 더 놀라운 일이 벌어졌는데 국토해양부가 초등학교 정식 과목으로 '건축'이란 교재를 만들기로 결정한 것이다. 2013년 현재 집필작업이 진행 중이다. '건축'이 어린이에게 미치는 교육적 영향이 얼마나 큰지 국가가 인식하기 시작했다는 증거다. 시간이 흘러 건축교과서를 배우고 자란 어린이들이 우리나라의 건축주가 될 즈음이면 우리나라가 세계 최고의 건축문화 선진국이 되어 있을것을 믿어 의심치 않는다. 건축문화는 건축가가 아닌, 소양이 높은 건축주에 의해 이뤄지기 때문이다.

필자가 어린이와 청소년을 가르치기로 한 데는 또 다른 꿈이 있다. 중학교 2학년 윤리 시간에 맹자의 '군자삼락(君子三樂)'을 배웠다. 부모가 다 살아계시고 형제가 무고한 것이 첫 번째 즐거움이고(父母俱存 兄弟無故 一樂也), 우러러 하늘에 부끄럽지 않고 굽어보아도 사람들에게 부끄럽지 않은 것이 두 번째 즐거움이요(仰不愧於天 俯不怍於人 二樂也), 천하의 영재를 얻어서 교육하는 것이 세 번째 즐거움(得天下英才 而敎育之 三樂也)이라는 것이다. 어린 나이였지만, 당시 '군자삼락'을 듣고 크게 감동했고, 특별히 세 번째 즐거움은 그때부터 필자에게 소원이 되었다. 이 역시 서른 초반부터 대학에서 학생을 가르치기 시작했고, 마흔 초반에 어린이를 만나서 교육하게 되었으니 또 하나의 소원을 이루게 된 것이다.

"꿈을 이루는 가장 좋은 방법은 자기가 하고 싶은 걸 하는 거야."

어린 시절 그 선생님의 얼굴은 기억나지 않는다. 하지만 그분은 지금 이 순간에도 마음속에서 다정하게 말씀하고 계신다. 필자는 마흔이 넘은 나이에 건축가의 꿈을 넘어 또다시 새로운 꿈을 꾸고 있다. '조 아저씨의 건축창의체험'을 통해 어린이와 청소년이 행복한 꿈을 꾸고 필자 자신도 더불어 행복한 건축가의 삶을 살기 바란다. '건축'을 통해 모두 함께 행복해질 수 있는 새로운 꿈을 주신 분께 감사 드린다.

건축 창의체험1
찰흙과 자연재료를 이용해 미래에 살고 싶은 집을 즐겁게 만들고 있다. 어린이들의 환한 얼굴에 재미가 그대로 느껴진다.

건축 창의체험2
국가건축정책위원회, 국토교통부, 대한건축사협회가 공동주최한 '한옥과 함께하는 건축창의체험'을 마친 후 가진 기념 촬영

에필로그

먼저 하나님 아버지께 모든 감사와 영광을 올립니다. 또 이 책이 나올 수 있도록 힘써주신 많은 분의 기도와 도움에 감사드리며 지면을 통해서라도 그 마음을 전하고자 합니다.

늘 저에게 아낌없는 사랑의 기도와 격려로 함께 해준 가족 모두에게 감사 드립니다. 추천의 글을 써주신 대한건축사협회 김영수 회장님, (사)환경미술협회 설재구 이사장님, 중앙대 이언구 교수님, 방송인 이금희 님, 뮤지컬 배우 김소현 님께 깊이 감사드립니다. 또 글과 함께 이해를 돕기 위한 사진으로 기꺼이 도와주신 정지성 건축사님, 정준철 건축사님, 홍미경 건축사님, 서동구 건축사님, 정병협 건축사님, 장윤희 님, 장영호 님, 장인환 님, 김인규 님, 김인호 님, 이중훈 님, 박정현 님, 이석주 님, 유영상 님, 김태형 님, 김지현 님, 신현철 님, 오동석 님, 조남혁 님, 김영훈 님 그리고 세계적인 건축사진가 석정민 님께도 감사드리며 건강하시고 소원 성취하시길 진심으로 기원합니다. 기획과 매니지먼트를 담당해주신 엔터스코리아 양원근 대표님과 편집을 맡아 수고해주신 임예진 과장님, 디자인을 담당해주신 김동광 과장님, 씽크스마트 출판사 김태영 사장님과 임직원 여러분, 교정교열을 하면서 수고를 아끼지 않으신 정경미 님과 예쁜 글씨를

써주신 붓장이 김대연 님께도 진심 어린 감사를 드립니다.

   세계적으로 '한류'가 대세입니다. 다양한 분야에 한류 열풍이 불듯, 언젠가는 반드시 '건축 한류'가 일어날 것이라고 믿습니다. 우리에게는 그런 유전자가 있기 때문입니다. 그날이 속히 오기를 기대하며 모든 분이 건축 안에서 더욱 행복하시기를 기원합니다. 감사합니다.

2013년 4월
건축커뮤니케이터 / 건축사 조원용